U0271431

好味限定！

日本美食口袋伴手礼

〔日〕山口美和 著
曾哆米 译

中国友谊出版公司

前言

“这个很好吃喔，你吃吃看！”

欢迎一起进行一趟日本究极绝品之旅！

现在到日本旅行蔚为风潮，在日本购物更是中国人的最爱。可是，你知道哪个商品最受到当地人的欢迎吗？哪些商品才是创始商品？还有，你是否了解商品的故事与意涵呢？如果只是跟着别人一窝蜂地购买，却不知道背后的精神，实在有点可惜。

最近看了日本的晨间剧《阿政与爱莉》后，我深深觉得要制作出一项商品，必定是经过许多人反复的努力，并且花费漫长的岁月才能完成。这些商品背后，真真切切地包含着制作者的汗水、泪水，以及人生。

本书的内容，是根据我长年在百货公司各品牌店铺当派遣销售员累积的经验，将经手过的讲究商品以及发现的美味逸品，挑选出最难忘的滋味，介绍给大家。书中许多店铺都是超过百年历史的老字号，所有商品的共通之处，就是包含着对大家的“款待之心”，还有制作时的“真心诚意”。

我认为，书中每一项商品都包含着制作者的心意，有其历史意义与受到欢迎的理由，在各方面都代表了日本的文化。在执笔时，希望透过此书，让大家认识日本的心以及文化，因此向各方面的专家请教，撰写相关的饮食知识，完成这本能永久保存的书。除此之外，本书也为想给重要的人及朋友挑选伴手礼，却不知到底要买些什么而感到不安的人，依照不同对象，像是“不喜欢甜食的人”或“年长者”等推荐适合的品项，相信对方收到时一定会非常开心的。

书中的内容是介绍自己在工作、旅行中所发现的美味品项，完完全全是我喜欢的美食，所以绝对真实，也不是在为店家打广告。不过由于须获得店家同意才能完整介绍，撰写的过程真的十分辛苦（我一个人要跟 250 个人联络哦），不过能将日本人气商品的秘密完整地介绍给读者，一切都是值得的。

前面的话题是不是有点太沉重了呢？调整心情，就当有个贪吃的日本朋友，将日本美食统统摊在你面前，对你说“这个很好吃喔，你吃吃看！”的感觉，来阅读这本书吧！

那么，就让我们跟着这本书，一起进行一趟美味的日本伴手礼之旅吧，Let's go！

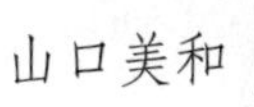

目　录
CONTENTS

PART 01

看见日本四季之美——和果子

要介绍日本的伴手礼时，最先会想到的就是“和果子”了。从和果子中，可看到随着四季转换的文化精粹，更能看出日本人对美的独特坚持及讲究。就从和果子开始认识日本文化吧。

滋贺县

叶 匠寿庵 KWANOU SYOUJUAN

位于滋贺县的叶 匠寿庵以“与日本优美的大自然共存”为信念，利用四季时令的各种讲究素材，制作无论是味道或外观都有如艺术品的和果子。

在众多和果子店铺当中，叶 匠寿庵的品位可说是遥遥领先。这种品位也表现在其制作的和果子当中，每项商品都能让人感觉制作之讲究。叶 匠寿庵可说是代表日本传统精髓的店铺，令我不禁产生“生活在日本真好”的心情。

叶 匠寿庵在东京的百货公司地下街也设有店铺，众多知名人士皆为其拥护者。我曾见过超重量级的女歌手由保镖陪同，专程前来购买叶 匠寿庵的生果子呢！远远地眺望时我心想：“真不愧是叶 匠寿庵啊……”

在叶 匠寿庵的众多商品当中，我最想推荐的是每到夏季时分就让人期待的“水羊羹”！使用北海道产的红豆、天然洋菜条、香气浓郁的宇治抹茶等材料，是以极为仔细的手法费时制作的绝品商品。红豆馅是自家制造，经过多次浸泡制成的红豆馅吃起来入口即化。光滑柔嫩且细致的口感，深奥高雅的甜味，以竹子为构想的容器等，在在都让人感受到夏日风情，而大小适中的尺寸也让人体会到店家的用心。在一个水羊羹中就能感受日本的款待之心，堪称绝品！

水羊羹可说是日本夏季伴手礼的代表。你是否也常在日剧中看到主角们将水羊羹当成伴手礼的场景呢？就算是第一次尝试和果子的人，也推荐从水羊羹开始入手喔！请务必亲自体验看看叶 匠寿庵的好滋味。

夏期限定（4月初~9月左右）
水羊羹 1个 324 日元、抹茶水羊羹 1个 346 日元

贩售处

横滨高岛屋、日本桥高岛屋（含茶房）、大丸东京店、西武池袋本店、新宿高岛屋、松坂屋名古屋店、阪急梅田本店、大阪高岛屋、阿倍野 HARUKAS 近铁本店、博多阪急等。

日本茶与和果子的和风世界

常听到人说：“因为日本的和果子太甜了，所以不太喜欢。”其实，果子点心会甜是正常的，但真正高品质的和果子带有的甜味十分有深度，花上一点时间配着茶细细品尝，才能享受和果子深奥的妙趣。一边啜饮日本茶，配上季节性的和果子，两者的味觉搭配实在是太美味了，让人忍不住露出微笑呢。若是到日本游玩，旅途中请务必购买和果子与日本茶一同享用，享受一下幸福时光。让高品质的和果子，带领您进入日本独有的和风世界吧。

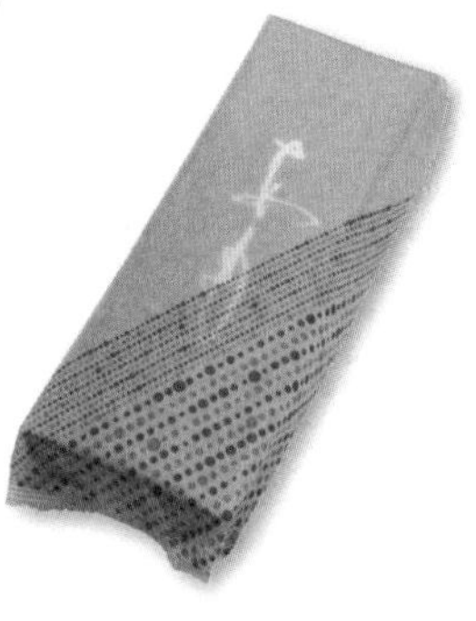

红豆麻糬糕（あも）

1188 日元 1 个

叶 匠寿庵的代表作，使用比北海道产红豆还要大粒且香气更浓郁的丹波产“春日大纳言红豆”为材料，用心熬煮，并在红豆水羊羹中包入湿润细致的羽二重饼。是在和果子爱好者中拥有众多支持者的绝品。

匠寿庵大石最中

1 个 162 日元

近江米制成香气十足的最中饼皮，夹入以大纳言红豆细心熬煮的红豆粒馅。红豆粒馅口感湿润又带有高雅的甜味，非常好吃。

店·铺·资·讯

寿长生之乡（寿長生の郷）

叶 匠寿庵于自滋贺县琵琶湖流出的唯一河川——濑田川川畔，建置了一处制作和果子的专区“寿长生之乡”。约六万三千坪的占地设有数记屋造（译注：日本建筑形式，为具有茶室风格的独特建筑）风格的和果子卖场、茶室、餐厅、甜点店等，散发日式风情的建筑物散布其中。利用大自然景观设置而成的广大庭园中，种植着作为和果子材料的梅子、柚子等果树，在这里可看出因为大自然和点心制作有着密不可分的关系，这也是叶 匠寿庵制作的原点。

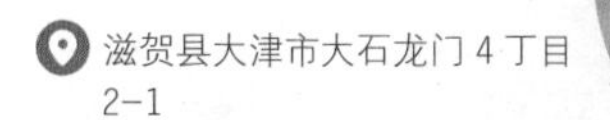

滋贺县大津市大石龙门 4 丁目 2-1

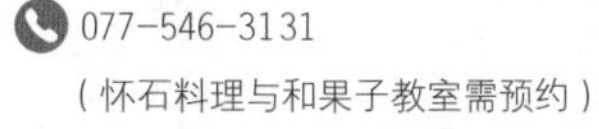

077-546-3131

（怀石料理与和果子教室需预约）

10:00 ~ 17:00，周三公休（3月、11 月无休）

从 JR 琵琶湖线“石山站”北出口，搭出租车 20 分钟（有免费接送巴士）

www.sunainosato.com/traffic

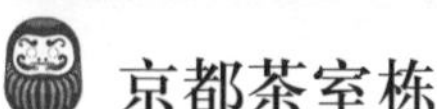

京都茶室栋

京都茶室栋位于被大自然围绕的京都市佐京区哲学之道，可在此享受悠闲静谧的时光。

京都府京都市左京区若王子 2 丁目 1 番地

075-751-1077

10:00 ~ 17:00，周三公休

JR“京都站”或京阪线“三条京阪站”下车，搭往“岩仓”5 号巴士“南禅寺·永观堂道”后步行约 10 分钟

www.kanou.com

三重县

赤福 AKAFUKU

“赤福”之名取自“赤心庆福”这句话，带有真心诚意祈求他人与自己的幸福之意。创业已有约300年的历史，因为是前往三重县伊势神宫的参拜信众一定会光顾的店家，因此广为人知。据说赤福饼的红豆泥造型，是来自流经伊势神宫神域五十铃川的清流祥形状，底下的白色麻糬则代表川底的小石头，是一款不论造型或名字都非常吉利的麻糬点心。赤福饼作为代表三重县的伴手礼，至今仍然受到日本人民的喜爱。

我从小就是赤福的爱好者，那Q弹有嚼劲的麻糬配上滑顺好入口的红豆馅，一次吃掉一整盒也没有问题！而且因为红豆馅太过美味，就连盛装赤福饼盒子的每一个角落都不放过，吃得干干净净。可惜赤福是以关西地区为主要贩售地点的麻糬点心，我住的关东地区鲜有机会能够吃到，偶尔收到住在关西的伯母带来的伴手礼时，都感动得快掉下眼泪了。为了能吃到赤福，甚至考虑过搬到关西住呢。令人赞不绝口的红豆馅选用北海道栽种的红豆，糯米则据说是以经过长时间也不容易变硬的原则，而使用北海道及熊本县生产的品种。在关西地区的百货公司也能买到，请务必品尝看看！因为没有添加防腐剂等材料，购买后请特别留意保存期限以及保存方法。

赤福 8个装 720日元

冷藏后会变硬，所以请常温保存。冬季时请于包含制造日三天内享用；夏季时请于两天内享用。另外，侧放可能会导致变形或渗蜜，搭乘飞机时请务必当成手提行李带上飞机。

贩售处

JR名古屋高岛屋（有吃茶区）、松坂屋名古屋店（有吃茶区）、阿倍野HARUKAS近铁本店、大阪高岛屋、阪急梅田本店、SOGO神户店、中部国际机场、大阪国际机场、关西国际机场、神户机场等。

关于伊势神宫

伊势神宫被人们亲切地称作“伊势先生”（お伊勢さん），奉祀被日本人当成最高氏神的天照大神，以及司掌稻谷等食物的女神丰受大御神，自古以来一直被视为日本人的心灵故乡而受到喜爱。江户时代前往伊势神宫参拜蔚为风潮，有众多以伊势神宫为目的地的信众，从日本各处出发，花上许多天的时间进行参拜。当时的伊势神宫即成为人气景点，甚至有“一生一定要到伊势神宫参拜一次”这种说法。赤福贩售的赤福饼，受到这些前来伊势参拜的旅人喜爱。饱足感十足的麻糬点心带给江户时代旅人们大大的满足感。最近伊势神宫被当成能量景点而广受讨论，尤其在女性间非常有人气，也常有许多来自世界各地的观光客，十分热闹。

赤福的朔日饼

在伊势流传着一个习俗，每个月一号会比平常还要早起床，前往伊势神宫参拜。除了感谢平安无事地度过上个月，也祈求新的一个月无灾无难。为了迎接在朔日前来参拜的顾客，赤福开始制作名为“朔日饼”的商品。除了元旦不贩售朔日饼之外，据说以其他月份一号贩售的各季节的麻糬点心为目标的顾客，最多曾排了千人以上。

4月

是代表日本的春日花朵——樱花绽放的季节。与樱花有关的点心之中，最受日本人喜爱的是“樱饼”（さくら餅）。染上淡淡樱花色的糯米，包入红豆馅，外头再以盐腌渍过的樱花叶包覆。

7月

炎热夏季中十分受欢迎的水羊羹。冰镇过的清凉水羊羹搭配日本茶一起享受，可说是日本夏天的乐趣之一。将水羊羹灌入青竹当中，再加以竹叶为盖，展现出夏季风情。

10月

日本旧历九月九日的“重阳节”，是五大节日当中最重要的一个。在日本会喝菊花酒、吃栗子饭或栗子点心来庆祝，祈求长寿不老。10月贩售的朔日饼就是栗饼。

店·铺·资·讯

赤福本店

位于伊势神宫所在地的赤福本店，建筑物已经有一百三十多年历史，从古至今一直以赤福饼迎接前往伊势神宫参拜的信众，非常值得一访。

一穿过本店的暖帘，就能看到炊烟从红色的炉灶中袅袅升起。烘焙本地生产的粗茶，香味缭绕，店铺内可看见女性师傅们以纤细的指尖，真心诚意地捏制出赤福饼的形状。

三重县伊势市宇治中之切町 26 番地

0596-22-7000

05:00 ~ 17:00（如遇忙碌期会调整营业时间）

从“近铁宇治山田站”、“JR 伊势市站”或“近铁伊势市站”搭往“内宫”巴士 15 分钟，于“神宫会馆前”下车

www.akafuku.co.jp

滋贺县

果匠禄兵卫 KASHO ROKUBE

名代草饼 1个 172日元

近来知道和食文化的人愈来愈多，和果子也开始受到各国的关注。迄今为止你吃过哪些和果子呢？是否喜欢日本独有、只有在日本才能制作的“草饼”呢？草饼带有的特殊绿色有着沉静之美，其实，这种自然的色彩是来自一种名为“艾草”（蓬，YOMOGI）的植物。这里介绍一家在日本已为数不多，对艾草十分讲究的店铺。

名店“果匠禄兵卫”重视传统及地域性，使用滋贺产的原料来制作和果子，招牌商品“名代草饼”十分受欢迎。以自家栽种、香气浓郁的艾草所制作的羽二重饼，犹如婴儿肌肤般柔嫩，是选用以自然农法栽种的糯米作为原料，内馅包入北海道十胜产红豆制成的甜度适中豆沙馅，咸甜中和，搭配出绝妙好滋味！有越来越多顾客因为吃过一次果匠禄兵卫的草饼，被它无法比拟的香气给俘虏，而再也不吃其他草饼。从栽种艾草、制作草饼到贩卖，由同一批工作人员进行一条龙的生产，是名代草饼美味的秘诀之一。如此奢侈的草饼其他地方找也找不到！如果想要品尝草饼真正的滋味，请务必到果匠禄兵卫来。

SHOP 贩售处

ecute 东京、isetan Food Hall LUCUA 1100（大阪）等。

拥有独特丰美香气的艾草

我在和果子店铺工作时，经常有外国顾客带着不可思议的表情指着草饼问："这是抹茶口味的吗？"并提出各式各样的问题。其实，制作草饼的原料——艾草，是一种具有独特香气的菊科植物，它散发出的香气很难以笔墨形容，仿佛混合着春风飒爽的气息、原野的香气与青草的味道等。总之，日本人只要闻到艾草的香味，就能感觉"春天到了"。除了作为和果子的原料，也常使用在制作天妇罗或是浸物的制作中。另外，艾草还有其他各式各样的功效，以前常被当成治疗烫伤或刀伤的药草，驱除虫类的效果也很好。据说对手脚冰冷、体臭等也有一定效果，还能预防癌症，是日本代表性的药草之一。

小时候我常在各种地方看到艾草的踪迹，乡下的奶奶也常摘采野生艾草制作成艾草丸子。但现在考虑到农药以及卫生问题，像以前那样摘采野生艾草亲手制作手工丸子的人，几乎看不到了，就连使用自家栽种的艾草来制作和果子的店家也屈指可数。艾草的品质优劣是草饼味道的关键之一，想知道草饼真正滋味的人，不妨试着将焦点集中于艾草的香气看看。

果匠禄兵卫的艾草园

在能看到野生猴子及鹿的踪迹的悠闲环境当中，可看到果匠禄兵卫的工作人员努力栽种着艾草。栽培艾草看似简单，其实相当费时费力。为了让艾草获得足够的养分，必须以人工方式进行除草等工作。接下来，将鲜绿青翠的艾草一叶一叶仔细地摘下、一边洗净一边去除杂草、以沸水汆烫并拧干后装袋等，这些步骤全部由同一批工作人员完成。这样一条龙的过程，才能让人安心地品尝艾草的风味。

↑ 禄兵卫牛乳长崎蛋糕（ろくべえ牛乳カステラ）1条 1728日元

人气急速上升中！使用滋贺县伊吹产的伊吹牛乳，温和的味道与湿润、柔软的口感相互搭配出绝妙好滋味。使用和三盆糖，更添加一分优雅的甜味。

↑ 空（くう）1条 248日元

与室内设计师 tonerico 共同创作的和果子，是保留传统又带有时尚感的甜甜圈造型最中饼。将内馅与外皮结合密封后独立包装，无论何时品尝都能享受酥脆口感。有豆沙、樱花、黑芝麻与艾草4种口味。

← 本之木饼 1条 140日元

Q弹口感的外皮内包豆沙馅所烘烤出的松软点心。带有黑糖淡淡的甜味，是果匠禄兵卫新的固定商品。

木之本本店

- 滋贺县长浜市木之本町木之本1087
- 0749-82-2172
- 09:00～18:00，元旦公休
- 从JR北陆线“木ノ本站”步行约3分钟
- www.rokube.co.jp

京都府

京甘味 文の助茶屋 BUNNOSUKEDYAYA

↑ 综合蕨饼（3 种口味）（わらび餅 3 種詰め合わせ） 1080 日元

文の助茶屋本店位于以“八坂之塔”广为人知的京都五重塔附近，是拥有 100 年历史的老字号店铺。听说是由活跃于明治末年的落语家第二代桂文之助创立的甜酒茶屋开始经营的。店铺所贩售的手工蕨饼，长年以来一直受到造访京都的观光客喜爱。散发肉桂清香与入口即化的高雅口感的蕨饼，是到访京都一定要吃的杰作。

若要当成伴手礼，我推荐的是 3 种口味的综合蕨饼。吃起来口味几乎跟在店里享用的蕨饼一模一样，保存期限为 90 天左右，因为在家也能享用令人向往的京都风味，让综合蕨饼成为网络商店的人气商品。另外，以描绘京都街道的地图作为包装纸这点也非常棒，是对方收到后绝对会开心的京都伴手礼!

蕨饼吃起来口感 Q 弹又有嚼劲，且滑顺好入口。微微带点肉桂清香，加上烘焙过的京都黄豆粉，风味绝佳，让人想一吃再吃！除了一般常见的原味蕨饼之外，也有抹茶口味的蕨饼，抹茶的苦味与蕨饼的甜味相互融合，谱出绝妙好滋味。

另外还有以黑豆汁制成的黑豆蕨饼，可以撒上黑豆粉一起享用。一次可奢侈地品尝 3 种不同口味的综合蕨饼，除了可在京都购买之外，在名古屋也有贩售喔。

以描绘京都街道的地图为包装纸，十分别致。

贩售处

JR 名古屋高岛屋（6 楼茶馆）、京都高岛屋、JR 京都伊势丹（于特产品贩售区贩售）等。

黄豆粉布丁（きなこぷりん）
270 日元（仅于直营店面贩售）
以烘焙后的黄豆粉制成的日式布丁，与焦糖酱搭配起来风味绝佳。

宇治抹茶布丁（宇治抹茶ぷりん）
310 日元（仅于直营店面贩售）
以宇治抹茶制成的绝妙日式布丁，配上略带苦味的抹茶蜜。

本店

京都市东山区下河原通东入八坂上町 373

075-561-1972

10:30 ~ 17:30（last order 17:30），不定休

从 JR“京都站”北出口搭京都市营巴士 206 号或 100 号在“清水道”下车步行约 6 分钟

www.bunnosuke.jp

由左至右：抹茶（附蕨饼）、栗子馅蜜、田舍刨冰（夏季限定，5 月初 ~ 10 月初）

东京都

赤坂柿山 AKASAKA KAKIYAMA

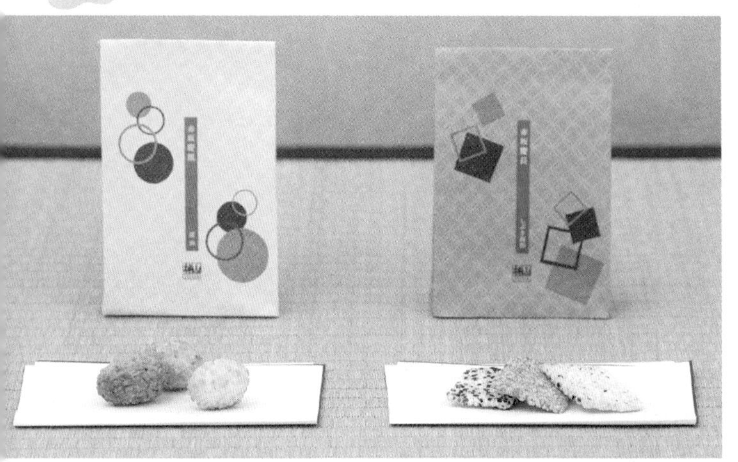

立袋 540 日元
庆长、庆凰的轻巧随手包。将不同的口味包装进可爱的和风袋子中。

贩售处

日本桥高岛屋、银座三越、伊势丹新宿店、新宿高岛屋、西武池袋本店、涩谷站东急东横店、松坂屋上野店、横滨高岛屋、JR京都伊势丹等。

赤坂柿山为能代表日本的御欠（おかき）专卖店。以爱护稻米、手工制作御欠为宗旨，40余年来坚持不间断地制作出让消费者感受到稻米香气及美味的御欠。只要是日本人都知道，赠送赤坂柿山贩售的商品作为伴手礼，对方一定会非常开心。其中，名为“庆长”的薄烧霰饼（あられ）特别受到喜爱，是以富山县的名产新大正糯米为原料制成，完整发挥原料美味，可品尝每一粒稻米的口感，是其他商品模仿不来的绝品。另一个受到欢迎的商品是“庆凰”，制作商品的师傅们将加州产杏仁粒做成外层，外形可爱又好入口。

种类丰富的日本“煎饼”

中文里，将由稻米或糯米制作的酱油口味日式点心统称为“煎饼”，而在日本则分成好几种类别，主要有由糯米制成的称作“御欠”（おかき）、“霰饼”（あられ）；由一般稻米制成的称作“煎饼”（せんべい）。那么御欠跟霰饼有什么区别呢？简单来说，外形比较大的是御欠，外形较小且做成类似圆球状的是霰饼；不过根据地域及店家的不同，也会有不同的称呼方式。

“御欠”的起源

据说在距今约1000年前，就已经开始吃以麻糬为原料制成的御欠了。因为日本在过年时，有将“镜饼”供奉于神佛前的习惯，而将变硬后的镜饼用手从边端剥下，风干后再油炸食用，据说这就是御欠的起源。麻糬与酒类是日本祭典及仪式中不可或缺的供品，一年当中也有许多节日都能品尝到麻糬类的点心，像是3月桃花节的樱饼、5月端午节的柏饼、中秋节的赏月丸子等等。此外，日本人认为麻糬是“神灵降临的地方”，所以自古以来在新年时节会举行重要的仪式并供奉镜饼，祈求新的一年丰收。御欠便是从这样神圣的镜饼演变而来，对日本人来说是珍贵的食物，长久以来一直受到大家的喜爱。

推荐商品

赤坂组合

（赤坂あわせ）1罐 1080日元

外包装做成像是莳绘砚箱的独创彩绘罐。有庆长的“墨罐”“红罐”，庆凰的“珍珠罐”；装入各种口味霰饼的“银罐”等。可自行组合喜欢的商品，做出属于自己的专属礼盒。

店·铺·资·讯

赤坂总本店

- 东京都港区赤坂3-6-10
- 营业时间：平日09:00～20:00
  周六09:30～18:00，周日、假日公休
- 从千代田线“赤坂站”步行3分钟
- www.kakiyama.com

东京都

豆源 MAMEGEN

创店至今已 150 余年，本店坐落于麻布十番，是间历史悠久且能代表日本的老店。招牌商品“盐味御欠”一直遵照古法以简单方式制作，将制作所需的原料仔细曝晒干燥，再以 240℃的米油及麻油炸得酥脆后，快速地撒上盐巴，靠着纯熟的制作技术维持着一致口味。因这拿捏得恰到好处的咸度而被俘虏的日本人不在少数，有许多日本代表性的演员都为其拥护者，异口同声地说：“只要一开始吃，就停不下来。”因为制作时使用品质优良的油品，不会让人觉得油腻，真的吃到停不下来呢！

除了这里介绍的包装种类之外，以相同价格还可以买到经济包装。也很推荐酱油口味的“油炸御欠”喔！除了御欠之外，豆源还贩售 100 种以上的豆类点心，随着四季转换还提供季节性商品，因为种类丰富多样化，让顾客不会感到厌倦，也是豆源至今仍然受到喜爱的原因之一。

盐味御欠
（塩おかき）
11 包装
378 日元

贩售处

东京晴空街道、伊势丹新宿店、东武百货店池袋店、涩谷站东急东横店、松屋银座、日本桥高岛屋、大丸东京店等。

由左至右

抹茶 378 日元

大量使用宇治的抹茶，以香川名产和三盆糖调出高雅的甜味。

糊涂豆（**おとぼけ**豆） 324 日元

人气 No.1 的豆类点心。有青海苔、海苔丝、虾子 3 种口味。

梅落花 324 日元

富含梅子风味，受到女性欢迎的超人气口味。

店·铺·资·讯

 麻布十番本店

在本店还可以看到实际制作盐味御欠的表演贩售。从店铺前经过就能闻到一股香气呢。在 11:00 ~ 13:00、14:00 ~ 16:00 时段前往的话，可以买到刚炸好的商品。

东京都港区麻布十番 1-8-12

03-3583-0962

10:00 ~ 20:00，周二不定休

从东京 Metro 地铁南北线“麻布十番站”
4 号出口步行约 3 分钟

www.mamegen.com

埼玉县

池田屋（いけだ屋） IKEDAYA

草加煎饼是埼玉县草加市的名产，也是代表日本的煎饼之一。老字号“池田屋”拥有150年历史，其制作的草加煎饼100%使用当地产的在来米为原料，由10年以上经验的传统产业技师，边压扁边翻面烧烤制成。以此方式在草加制造的煎饼，才能称为“草加煎饼”。

草加煎饼的起源非常古老，据说可追溯到数百年前，由一位名为阿仙的婆婆将剩下的米丸子压扁、烘烤之后演变而成。由于草加市附近就是野田等酱油的产地，可就近取得产地的酱油，因此而诞生的草加煎饼，美味的名声传遍日本全国。

池田屋非常重视传统，对酱油、米、天然地下水等原料极为坚持，不只洗米、蒸煮等过程费时繁复，烧烤也遵循古法，使用瓦片将煎饼一边压扁一边烤硬。150年来坚持从制作煎饼原料到烤制完成的一贯过程，将草加煎饼的传统延续至后世。不论是硬度、酱油、在来米的风味，一口就能尝出日本煎饼的正统美味。店内的“手工炭烤煎饼—匠”更曾获得第24届全国果子大博览会名誉总裁奖。想品尝道地的煎饼滋味，请务必前来池田屋！

手工炭烤煎饼—匠
（こだわりの炭火手焼—匠）18 片装 2602 日元

综合煎饼礼盒（箱入り詰め合わせ）
14 片装 1080 日元

贩售处

大丸浦和 PARCO 店、羽田机场、成田机场等（羽田机场、成田机场皆非常设店）。

本店

埼玉县草加市吉町 4-1-40
048-922-2061
09:00 ~ 19:00，元旦公休
从东武线“草加站”东出口步行约 9 分钟
www.soka-senbei.jp

福冈县

饼吉（もち吉） MOCHI KICHI

将煎饼烤过之后，立即浸入酱油酱汁内，湿煎饼的奥妙之处就是既能享受煎饼半软半脆富有嚼劲的口感，还能尝到浓郁的酱油风味。推荐你于啜饮热茶时一同享用！

“能发现各种美食”是我从事派遣销售员行当的理由之一，而能遇到各种顾客也非常有趣！会来逛百货公司地下街的人们，每一位都非常喜爱美食，“饼吉”就是我在东京百货公司贩售其他品牌的煎饼时一位大叔顾客分享给我的店家。据说他偶然拿到单包装的湿煎饼，因为实在太好吃了，所以特地把包装袋带回家，调查了店家的相关资讯。大叔跟我说：“哎呀，我这辈子吃过各式各样的湿煎饼，当中就属‘饼吉’最好吃呢！”于是我赶紧买了饼吉的煎饼来品尝，果然如大叔推荐的一样美味！饼吉的湿煎饼比其他店家所贩售的来得薄，较易入口，富有嚼劲的口感令人不断想喊出“再来一片”！实在是让人停不了的好滋味。而且，与其他百货公司地下街商店所贩售的煎饼相比，饼吉不管哪一种煎饼的价格都很划算。

饼吉是源自九州的人气店家，持续 80 年坚持制作这种好味道。其煎饼及霰饼皆选用日本国产的最高级米，并使用从福冈福智山系取得的高纯度天然水，加上炉火纯青的职人手艺，才能制作出最高品质的煎饼。只要浅尝一口，脑海中就会瞬间浮现稻穗随风摇曳的日本田园风光，有着让人放松的安心感。

湿味千（ぬれ味千）
酱油味 486 日元

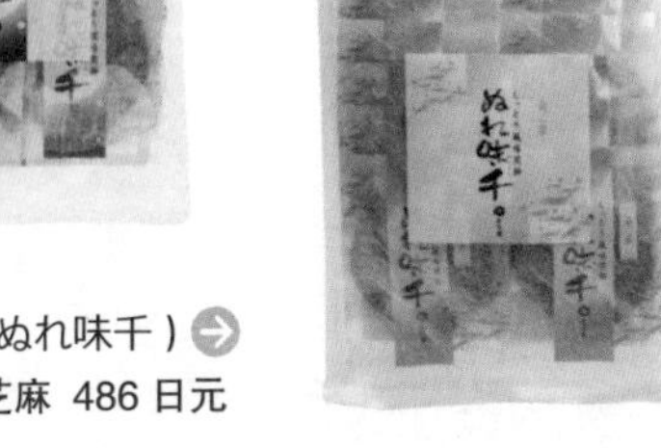

湿味千（ぬれ味千）
金芝麻 486 日元

SHOP 贩售处

大丸札幌店、羽田机场（第 2 航厦）、大丸福冈天神店等（每家店铺贩售商品各有不同）。

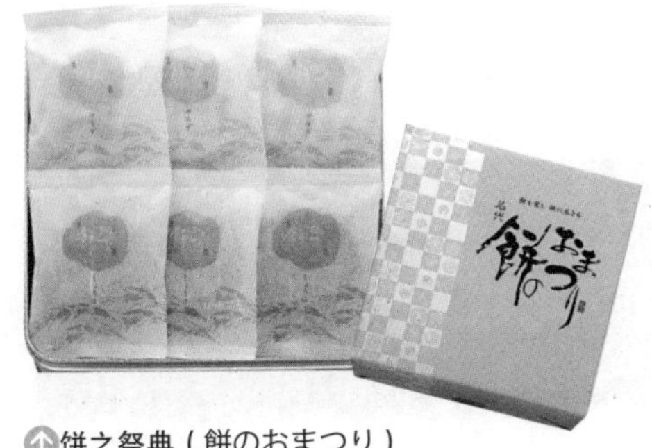

饼之祭典（餅のおまつり）
小盒 1296 日元
于全国果子大博览会中荣获名誉总裁奖。

店·铺·资·讯

博多本店

- 福冈县福冈市博多区御供所町 2 番 3 号
- 092-263-9770
- 09:00 ~ 19:00，元旦公休
- 从地铁空港线“祇园站”1 号出口即达
- www.mochikichi.co.jp

东京银座本店

- 东京都中央区筑地 1-13-14
- 03-6226-4520
- 09:00 ~ 19:00，元旦公休
- 从东京 Metro 地铁日比谷线“筑地站”2 号出口步行约 3 分钟

京都府

京果子处 鼓月 KOGETSU

一说到京都伴手礼的人气常规商品，就会想到鼓月的“千寿煎饼”，于类似莎布蕾（译注：Sablé，面饼的一种，以酥脆口感及奶油风味为特征）松脆口感的波浪状煎饼中夹入糖霜奶油，无论是跟日本茶或是红茶一起享用都很适合。

千寿煎饼（千寿せんべい）8 个装 1080 日元

千寿煎饼是过年等节日享用的最佳甜点，也是送给重要对象的不错伴手礼，时尚又带有高级感的外包装十分具有魅力。受到大家喜爱的千寿煎饼已有 50 年的历史，目前于日本国内设有许多店铺。

贩售处

大丸札幌店、松屋银座、名古屋三越荣店、JR 京都伊势丹、大丸京都店、大丸神户店、阪急梅田本店、大丸心斋桥店、大阪高岛屋、博多阪急等。

店·铺·资·讯

河原町店茶房鼓乐（茶房こげつ）

京都市中京区河原町通三条上ル下丸屋町 407 番地 2 ルート河原町ビル 1 阶

075-255-2600

平日 09:00 ~ 19:00，假日 09:00 ~ 18:00，元旦公休

京都府

丸久小山园 MARUKYU KOYAMAEN

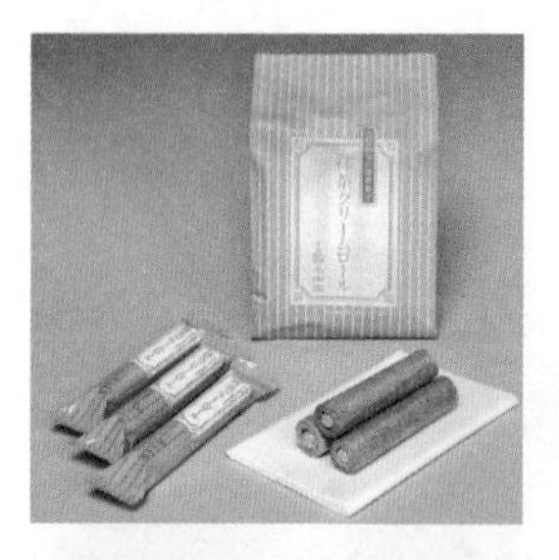

抹茶奶油卷心酥（抹茶クリームロール）10个装 540日元

刚出炉口感酥脆的卷饼，搭配严选抹茶制成的抹茶奶油。

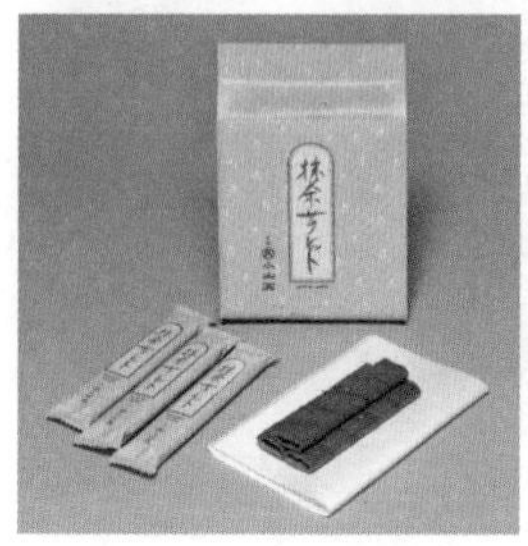

抹茶薄饼（抹茶サクレット）10个装 540日元

放入大量高级抹茶制成，拥有纤细口感的饼干，一放入口中抹茶的香气立即扩散开来。与薄饼中涂抹的白巧克力酱完美调和，堪称绝品！

我在百货公司物产展售会贩售抹茶商品时，总会问师傅："商品是使用哪里的抹茶制作的呢？"从众多的名店及老字号店铺得到的答案都是"丸久小山园"，就连某间京都老字号店主也曾表示"丸久小山园的抹茶非常珍贵"。获得如此高评价的丸久小山园已有300年历史，可说是老字号中的老字号。创店以来一直遵守宇治茶传统，以"品质至上的制茶"为宗旨，从种植茶树、制作到贩卖，每个步骤都十分讲究，并且年年参加全国茶品评会等竞赛，曾多次获得大臣赏。使用丸久小山园的抹茶制作的点心，无论是风味或香气都是使用其他抹茶的点心无法比拟的。

贩售处

JR京都伊势丹、其他京都名产店等。

店·铺·资·讯

西洞院店·茶房"元庵"

京都市中京区西洞院通御池下ル西侧

075-223-0909

09:30 ~ 18:00，茶房 10:30 ~ 17:00。周三（如遇假日则营业）及元旦 ~ 1月3日公休

从京都市营地铁东西线"二条城前站"2号出口步行约6分钟

www.marukyu-koyamaen.co.jp/

美和の COLUMN ①

日本饮食文化之花——和果子

监修 / 全国和果子协会

和果子距今已有超过千年的历史，现今所吃的和果子当中，大多数诞生于江户时代。在不同的地域创造出不同的和果子，种类众多，数都数不清呢。

御萩（おはぎ）

红豆外皮像花瓣般置于豆沙团之上，看起来就像是小小萩花盛开的模样，因此被称为“萩饼”（萩の餅）、“萩花”（萩の花），古代宫女则称其为“御萩”。据说红豆的红色具有祛除邪气的效果，秋季、春季的彼岸时分，有以御萩当成供品来供奉先祖的习惯，因为看起来有点神似牡丹花，所以春天时被称作“牡丹饼”，秋天则称作“御萩”。

樱饼

江户时代有一位名叫新六的人，在现今东京向岛地区的长明寺当门卫。每到春天，新六就苦恼于纷落樱叶的扫除工作，后来他想出利用腌渍后的樱花叶包覆麻糬制成点心，据说这就是樱饼的起源。各地的樱饼制法不太相同，关东是以面糊烤成薄皮后包覆内馅；关西则是以糯米蒸熟后干燥压碎的“道明寺粉”为原料制成。

↑ 关东的樱饼

柏饼

柏饼是于5月5日端午节时吃的食品，由于槲栎（柏）叶有“在新芽生出前，老叶不会掉落”这种特性，象征子孙繁荣昌盛。而在将内馅包入麻糬时的手势，看起来像是双手合十参拜（柏手を打つ）的样子，也带有吉祥之意。除了常见的豆沙馅、豆粒馅外，也有味噌馅及以草饼制成的柏饼，口味依据地域性而有不同。

粽子（ちまき）

虽然在日本的端午节大多是以吃柏饼为传统，但许多日本人也有吃粽子的习惯，包括有以竹叶包着糯米后，以水煮熟的新潟县三角粽子；或流传于鹿儿岛等地，以竹叶等包着浸泡一夜的糯米，再以碱水煮熟而制成的“灰汁卷”（あくまき）等。以上两种，都是沾混合砂糖跟黄豆粉的粉末来吃。

丸子（团子）

丸子的历史可追溯至绳文时代。当时将橡子、栎木的果实、七叶树的果实等磨成粉状，再加入水中，去除涩味后做成粥状或小球状来吃。此外，竹签串丸子的数量也存在各式说法，像是在关东地方通常4个丸子为一串，据说这样算钱较方便；关西地方则大多为5个一串，象征人的头和手足，将其当成供品。

羊羹

据说羊羹的根源是从中国传来的点心“羹”而来。在当时日本并不盛行吃兽肉，使用面粉及红豆做成仿照羊肉的素材放入汤里，为蒸羊羹的起源。其中洋菜冻（寒天）量较多，口感较硬的为炼羊羹；洋菜冻量较少，口感较软的为水羊羹；也有加入面粉或葛粉等蒸制的蒸羊羹。根据地域而有不同特色。

最中饼（最中）

最中的原型是日式干点心，最早只有现在最中饼外面那层皮的部分而已，之后才演变成在中间夹入馅料的形态。最中这个名字的由来是《拾遗和歌集》中所出现藤原定家的诗歌，有中秋的明月之意。为了让外皮的部分不受湿气影响，制作内馅时为了调整水分会加入较多的砂糖，使内馅较为黏稠。

大福

据说因易有饱足感而被称为“腹太饼”。江户时代有位名为玉（お玉）的女性将它命名为“大腹饼”后，当作商品贩售。之后将“腹”字换掉成为“大福饼”。因大福放置一段时间就会变硬，昔日会先以火烤软后再食用。由于烤后芳香诱人，即使进入昭和时期，日本人仍习惯烤过再食用。

草饼

古时候的草饼并不是使用艾草，而是使用鼠曲草（ハハコグサ）来制作，后来无论是香气、味道、颜色、药效等都较优良的艾草从中国传入，才使用至今。草饼的起源最早是为了祈求女子能健康成长与幸福，而将药草加入麻糬中制成礼品分送。

蕨饼

蕨饼的起源可溯自距今约 1300 年前的奈良时代。为制作蕨粉，必须在山中来回寻找，将深入地中的蕨根挖起，且 10 公斤的蕨根只能萃取出约 70 克的蕨粉，精制蕨粉的时间又需花费数十天，相当珍贵。现在的蕨饼几乎是以番薯粉或树薯粉中取得的淀粉为主要原料，真正使用蕨粉制作而成的蕨饼其实非常少见。

※ 以上为广为一般人熟知的说法，因地域不同，说法也各异。

※ 照片提供／なごみの米屋（樱饼、羊羹、最中饼、大福、草饼）、叶 匠寿庵（御萩、柏饼、粽子、丸子）、文の助茶屋（蕨饼）。实际品牌产品与照片呈现可能有所差异。

美和の COLUMN ②

日本年中节庆与和果子

监修 / 全国和果子协会

小时候，一到女儿节，家里就会设坛摆设雏人形，全家吃樱饼来庆祝；有男孩子的家庭，则于端午节时陈设模型铠甲，在庭院里放置鲤鱼旗并吃柏饼；彼岸时，奶奶会制作御萩等我们回乡……和果子的存在，其实也搭起了现代人与这些逐渐被淡忘的节庆间的桥梁，看到形形色色的和果子，就能感觉到“啊，又到了这个时节了呢”。

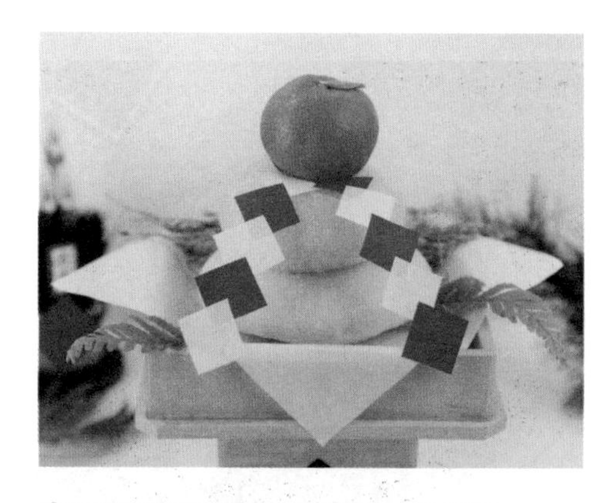

1月1日 元旦

家家户户以镜饼装饰家中壁龛（床の間），将以松竹等制成的门松挂在家门口，用来迎接年神。在当天也会吃年节料理（おせち料理），并前往神社新年参拜（初詣），祈求无病无灾。在京都会吃搭配茶道的和果子，这种和果子是将麻糬或求肥做成半月形外皮，包覆牛蒡、白味噌馅及桃色麻糬制成。

2月3日 节分

两个季节的分界点。口中边念着“鬼出去，福神进来”，从家中由内往外撒出被当作有灵力的豆子来祛除邪气，祈求一整年无病无灾，最后取出与年龄相同数量的豆子吃掉，就能保持身体健康。另外还有一种近年来较少见的习俗，将冬青树枝叉着烤过的沙丁鱼头装饰于大门口，让邪气远离。

3月3日 女儿节（ひな祭り）

祈求家中女孩健康成长与幸福的节庆。平安时代有将纸或草等做成人形，表示将灾厄转移其上，然后将纸人放入流水中流走的习俗，据说是摆设雏人形的开端。当天会吃樱饼、草饼、雏霰、散寿司等食物来庆祝。传说若是过了女儿节还不将雏人形收起来，家中的女儿就会很晚才出嫁。

5月5日 端午节

据说端午节是奈良时代时从中国传入的。为祈求男孩健康成长而摆设武士铠甲及鲤鱼旗，并象征出人头地。为驱除邪气，还会在门口上方挂着艾草、菖蒲，泡澡时也会放入菖蒲根及叶子，以求无病无灾。当天会吃柏饼、粽子等食物来庆祝。

7月7日 七夕

传闻是自古以来盂兰盆节庆典的一部分，主要是缝制衣裳作为供品，祈求秋季丰收，结合中国“乞巧奠”仪式，加上牛郎与织女的传说演变而成。至今仍有将愿望写在长方形诗签，与装饰品一起挂上许愿竹，向星星祈求心愿实现的风俗习惯。

彼岸（春季、秋季）

以春分或秋分为准，前后为期一周，在这段时间内扫墓，制作御萩供奉祖先。在佛家用语中，将祖先们存在的世界称为“彼岸”，活着的人们生存的世界称为“此岸”。之所以选在春分及秋分，是因为这两天太阳从正东方升起、正西方落下，西方的彼岸与东方的此岸最易联系之故。

盂兰盆节（お盆）

传说逝世的祖先亡灵从彼岸回来，与家人度过短暂的时光后再度返回的节庆。现在多以 8 月 13 日到 16 日间的 4 天为盂兰盆节，根据地域仍各有差异。这段期间会有以小黄瓜及茄子插上竹筷子的装饰，前者代表马，为了让过世的亲人赶快回来；后者代表牛，希望回程走慢一点。

9 月 9 日 重阳

五节庆之一，因使用菊花祈求长寿不老及繁荣昌盛，又称“菊花节”。日本人相信菊花具有驱除邪气、帮助长寿等功效，所以在重阳节这天会饮用菊花酒及吃栗子饭；另外，据说吃茄子可预防中风，所以在重阳节时也会食用。

9月 中秋（十五夜）

于旧历8月15日的仲秋时分，赏月、供奉芒草及丸子的节庆。古时日本主食为芋头，由于收货季节约为8月15日的满月，所以这天又有芋名月之称。后为祈求丰收，以稻米制作丸子作为供品，关东地区多供奉圆形，关西则多以芋头形状为主。而供奉芒草是因其外形近似稻穗，且有除魔意涵。

11月15日 七五三

江户时代流传至今，庆祝儿童顺利成长至3岁、5岁、7岁的节日。古时认为奇数是吉祥的数字，以前的小孩3岁开始蓄长发，5岁的男孩开始穿和服裤，7岁的女孩可扎束带穿和服。为祈求长寿，还会买千岁饴来吃。

※ 日本年中节庆因地域而各不相同，节庆由来也有各种说法。

PART 02

璀璨缤纷的甜美之景——洋果子

日本洋果子的文化，是由停泊在海港（例如神户等区域）的外国船只引进的。经过长时间的演进，现在日本洋果子的技术已广受国际赞赏。现在就为你介绍非吃不可以及最适合当作伴手礼的洋果子！

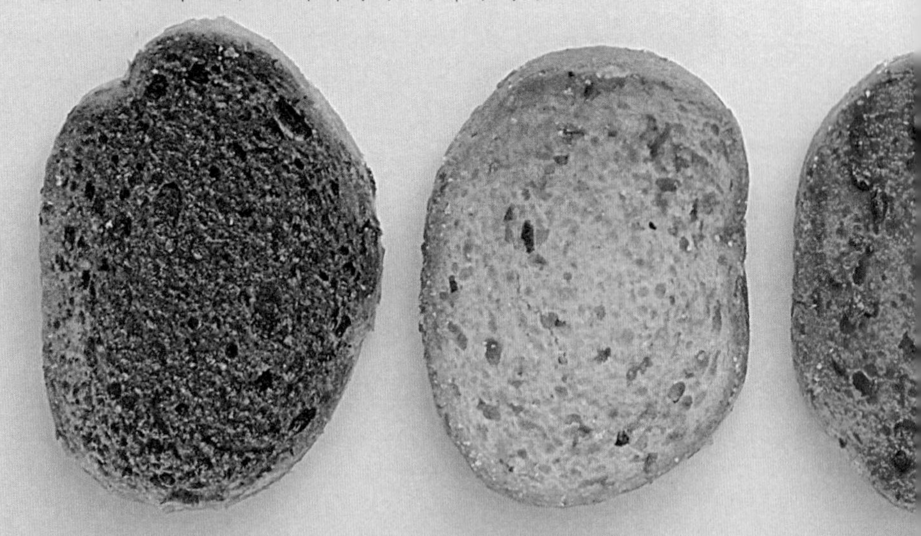

兵库县

ANTÉNOR　アンテノール

创始于神户的西式点心店“ANTÉNOR”（アンテノール），于1978年时，在西方及日本文化相互融合的港口城市——神户开设店铺。充满时尚高级感的店铺内，展示着各式蛋糕及烤制点心。

我推荐作为伴手礼的是“ANTÉOISE”（アンテワーズ）。以达克瓦兹饼夹奶油内馅的三明治饼干，是店内超过20年的超人气商品。蛋白杏仁饼外层酥脆，内部带有一点湿润，轻盈口感充满特色。仅有约5厘米厚度的饼中，能有如此多样化的口感，果然是专家才有的手艺。达克瓦兹饼是以大量蛋白与杏仁粉，加上少许面粉制作而成。甜点师傅凭着丰富经验，边确认温度及质感边制作面糊，在10分钟内快速且温柔地挤出形状，再放进烤箱烘烤出酥脆又松软的口感。一口咬下立即感觉幸福满溢，仿佛被带往梦幻的世界一般。

焦糖杏仁（キャラメルアーモンド）

6个装 1296日元

将香气十足焦糖化后的杏仁磨碎后加进焦糖奶油，微香的黑糖蛋白饼与奶油交织出浓郁好滋味。

香草葡萄干（バニラレーズン）

6个装 1296日元

达克瓦兹饼中夹入带有温和香草味的奶油与洋酒腌渍的葡萄干，入口即化的口感中带点葡萄干的酸甜滋味。

贩售处

大丸东京店、松坂屋上野店、西武池袋本店、松坂屋名古屋店、大丸京都店、JR京都伊势丹、近铁百货店奈良店、阿倍野HARUKAS近铁本店等（每家店铺贩售商品各有不同）。

www.antenor.jp

兵库县

WITTAMER　ヴィタメール

⬆ **夏威夷豆巧克力**
〔マカダミア·ショコラ（ミルク）〕
8 片装 1080 日元

推荐商品

皇家玛德莲 ➡
〔ロイヤル·マドレーヌ（バニラ）〕
8 个装 1080 日元
散发浓醇奶油与温和香气，制作成两口大小的玛德莲蛋糕，口感较为湿润。

⬅ **WITTAMER 综合巧克力（ショコラ·ド·ヴィタメール）20 个装 5832 日元**
调温巧克力包覆各式内馅的巧克力，包括干邑白兰地、德国樱桃酒等搭配坚果仁、由焦糖奶油制作而成的甘纳许酱等（盒装巧克力的内容物各有不同）。

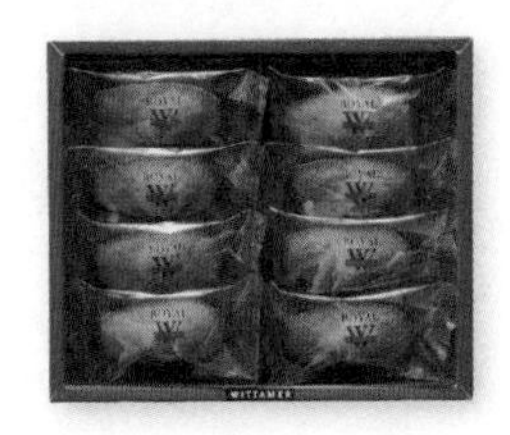

“WITTAMER”是于 1910 年比利时首都布鲁塞尔创立的老字号店铺，为比利时皇室御用点心。如此顶级的西式点心，竟然在日本也吃得到！

由在比利时本店学艺的师傅们，将当地口味于日本重现，另一方面亦制作独创点心，成为富有魅力的店家。商品之中，让多数西式点心狂热者、美食杂志执笔者念念不忘的话题商品，就是“夏威夷豆巧克力”。于刚出炉烤得酥脆的莎布蕾上，放上夏威夷豆、杏仁，再裹上牛奶口味调温巧克力。浓醇巧克力、夏威夷豆加上莎布蕾的酥脆感，融合出完美滋味与口感，堪称绝品。由于售价适中且包装高雅时尚，请务必将高人气的“夏威夷豆巧克力”送给重要的那个人！

贩售处

大丸东京店、日本桥高岛屋、松坂屋上野店、新宿高岛屋、西武池袋本店、横滨高岛屋、名古屋松坂屋、大丸京都店、大阪高岛屋、大丸心斋桥店、阪神梅田本店、大丸神户店（2 楼咖啡厅）等（每家店铺贩售商品各有不同）。
www.wittamer.jp

东京都

银座 WEST 銀座ウエスト

西式点心的老字号“银座 WEST”，为了发挥严选素材的原本风味，点心师傅们维持创业以来一贯的手工制作方式，并于制作过程中尽可能不使用防腐剂、香料、色素等添加物。因为几乎只能在东京圈内买到，所以是十分受欢迎的东京伴手礼。

我最想推荐店内的代表商品“叶子派”。将生奶油与面粉混合制成的面团折叠256层后，一个一个手工做成树叶的形状，再送进烤箱烘烤。让人讶异的是，就连叶脉都是一条一条以手工制成！每片叶子派都能感受到师傅制作的心意。奶油风味以及酥脆的派皮口感，加上白砂糖带来的特殊咬劲，滋味实在绝妙！

每项点心都坚持以手工制作，能感觉到店家耿直的精神，银座 WEST 可说是能代表日本的洋果子店。偷偷告诉大家，虽然东京有许多西式点心，不过购买 WEST 作为伴手礼的话，会被认为“这个人可不是随便乱买，而是因为熟知 WEST 之美味才选择其商品”而受到赞赏喔！气质高雅且带给人诚实印象的 WEST 西式点心，更是各大公司行号作为送给重要客户的伴手礼首选。

叶子派
（リーフパイ）
8个装
1188日元

SHOP 贩售处

日本桥高岛屋、银座三越、大丸东京店、新宿高岛屋、涩谷站东急东横店、东武百货店池袋店、松坂屋上野店、横滨高岛屋、羽田机场、成田机场（第一航厦）等（每家店铺贩售商品各有不同）。

推荐商品

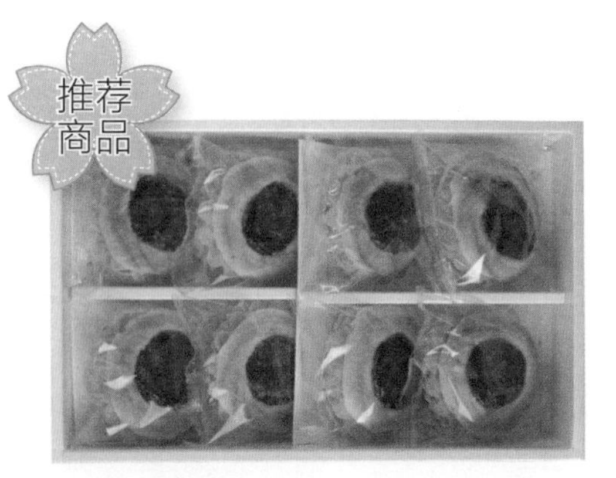

⬆ **维多利亚（ヴィクトリア）8 个装 1620 日元**

在蛋塔形状的饼干面糊中挤入蛋糕面糊，经过初步烘烤后，再挤上波形折边的饼干面糊及使用日本国产草莓制成的草莓果酱，最后再次烘烤而成。是可以同时享受饼干及蛋糕两种不同口感的畅销商品。

⬇ **综合饼干组合 A（ドライケーキ A 詰め合わせ）13 个装 2376 日元**

受到许多人欢迎的综合饼干组合。所有食品只使用天然香料与天然色素，充分利用原料本身的味道来制作。

店·铺·资·讯

WEST 银座本店

在充满现代感的银座本店，可享用阿尔卑斯天然水制成的咖啡及蛋糕。

东京都中央区银座 7-3-6

周一 ~ 周五 09:00 ~ 23:00，假日 11:00 ~ 20:00，1 月 1 日 ~ 1 月 3 日公休

03-3571-1554

从地铁“银座站”步行 5 分钟

www.ginza-west.co.jp

东京都

银葡萄

銀のぶどう

银葡萄由贩售超人气“东京BANANA”的 GRAPE STONE 所经营，是受到许多人喜爱的洋果子店。银葡萄贩售品项种类多元，无论是西洋风商品或和风商品，口味都颇受好评。

所有商品当中，我最推荐的是超人气商品“KINUSHA”（衣しゃ），爽口且酥脆的口感、高雅且温和的口味，是银葡萄独创的猫舌饼干。藉着世界首创的“折叠制法”，将猫舌饼干制作得仿佛叠起的薄纱衣般轻柔精致，只有这种特殊的制法，才能创造出这种极品点心吧！这种酥脆的口感，无论老少都很方便享用，是当成伴手礼的绝佳商品！

店内贩售的点心不论是口味还是外观，全都十分有品位。而且因为经常被当成送人的礼物，所以包装也设计得非常时尚，对送礼的人来说十分贴心。此外，店员接待客人的态度也无可挑剔。在 GRAPE STONE 经营的所有店铺中，总是能看到店员笑容可掬地接待客人，就算是在百货公司的地下街，GRAPE STONE 的微笑服务也是最抢眼的！从这样的交流之中，能感觉到银葡萄除了致力于提供美好的味蕾经验，更蕴含了每位员工接待顾客的温暖与真心诚意。如果能遇见这种秉持日本引以为傲待客之道的店员，一定也能成为旅行中的美好回忆吧！

贩售处

大丸东京店、西武池袋本店、SOGO 横滨店、JR 名古屋高岛屋、梅田阪急本店等。

← KINUSHA 原味（衣しゃ生成り）
8 片装　540 日元
猫舌饼干酥脆的口感令人着迷，很适合当作伴手礼。

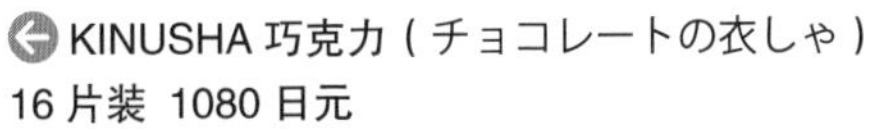

KINUSHA 巧克力（チョコレートの衣しゃ）
16 片装 1080 日元
巧克力口味的 KINUSHA 也广受欢迎（每家店铺贩售口味不同，也有限定口味）。

竹篓纯白起士蛋糕
（チーズケーキ かご盛り白らら）1080 日元
电视及杂志争相报道的绝品。由自然脱水而成的生起士制成，是带有入口即化柔顺口感的起士蛋糕。
※ 需冷藏，最佳食用日期 2 天

银葡萄巧克力三明治夹心饼（花生）
（銀のぶどうのチョコレートサンド<ピーナッツ>）
12 片装 1080 日元
在添加花生的巧克力饼干中加入两种巧克力夹心，其中“WHITE”为牛奶风味的白巧克力，“BROWN”为浓郁的牛奶巧克力，给人浓而不腻的味觉享受。
※ 仅于“阪急梅田店”“Sugar Butter Tree 博多阪急店”贩售

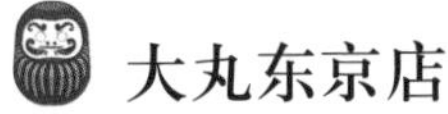

大丸东京店

- 东京都千代田区丸之内 1-9-1 1 阶
- 依照大丸东京店营业时间
- 03-3212-8011
- “JR 东京站”八重洲北口检票口附近
- www.ginnobudo.jp

东京都

黑船 QUOLOFUNE

黑船 RASQ ➔
（黑船ラスキュ）
24 个装 2160 日元

本店设于自由之丘的洋果子专卖店“黑船”，因为商品美味成为网络热门话题，瞬间成为于全日本百货公司地下街设有店铺的超人气品牌。

店内商品皆是当日以窑烤制的长崎蛋糕（亦称卡斯提拉蛋糕），从材料到制作过程，全都非常讲究。像是原料之一的鸡蛋，从饲育环境开始就十分讲究，让蛋鸡在环境良好的大自然中无压力地成长，产下的鸡蛋味道浓郁，且蛋白富有弹力及黏性。另外，透过将日本国产面粉仔细过筛，让面粉粒细度均一，制作出柔软蓬松的口感，让蛋糕尝起来口味高雅、湿润且入口即化。

其他像是以独到的比例配方，混合以北海道生产的甜菜为原料的甜菜糖、以红甘蔗为原料的上白糖等等，种种耗费心力的步骤与要求，都能看出黑船在制作上的用心与讲究，才能完成如此极品的长崎蛋糕。

在所有黑船的商品中，我最推荐的，就是由如此美味的长崎蛋糕所制作的奢侈烤制点心——“黑船 RASQ”，只要吃过一次就难以忘怀！前所未有的松脆口感，却能入口即化，并在口中扩散温和甜味以及鸡蛋的轻柔香气……实在让人忍不住想念啊。

PONTA RASQ（M size）100g 864 日元

PONTA 在葡萄牙文中是“边缘”之意，PONTA RASQ 就是以长崎蛋糕的边缘部分烤制而成的点心。

OSAKA RASQ（M size）100g 864 日元

PONTA RASQ 的大阪限定包装（于南堀江店、阪急梅田本店、大丸心斋桥店、大阪高岛屋贩售）。

贩售处

新宿高岛屋、松屋银座、西武池袋本店、松坂屋上野店、日本桥高岛屋、GRANSTA（东京站）、羽田机场、横滨高岛屋、松坂屋名古屋店、阪急梅田本店、大丸心斋桥店、大丸神户店等。

黑船卡斯提拉蛋糕（黑船カステラ）

1 条 1188 日元

能够享受新鲜的鸡蛋滋味跟香气，有着湿润松软口感的长崎蛋糕。

黑船铜锣烧（黑船どらやき）

1 个 227 日元

内馅使用北海道产红豆。黑糖的自然甜味加上 Q 弹口感，是其他铜锣烧无法模仿的滋味。

自由之丘本店

- 东京都目黑区自由之丘 1-24-11
- 03-3725-0038
- 10:00 ~ 19:00，周一公休（如周一为国定假日，隔日公休）
- 从东急东横线“自由が丘站”步行 6 分钟
- www.quolofune.com/

东京都

和乐红屋 WARAKU BENIYA

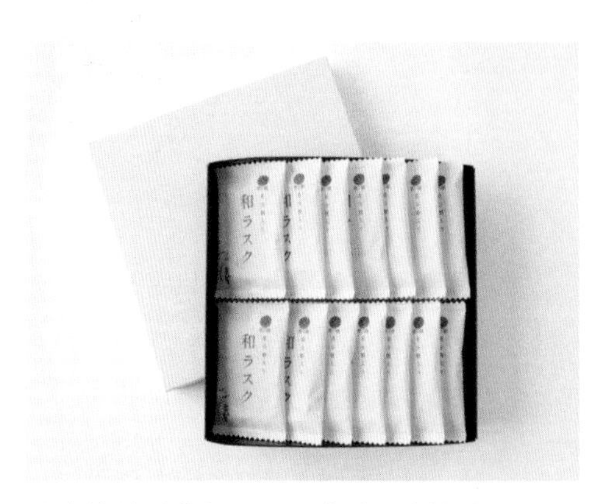

和风法国面包干饼（添加稀有糖）
〔和ラスク（希少糖入り）〕14 枚装 1000 日元

我长时间从事派遣销售员的工作，这个工作必须以周为单位，到各百货公司贩售各地知名特产品，或前往百货地下街支援人手不足的店铺，所以可以遇到不同种类的特产品及甜点。正因为每天都被美食围绕，所以对食物特别讲究，也对味道非常敏感。在与食品销售员朋友们聚会时，我们的话题总是“最近遇到的美食”，像是讨论目前正流行的甜点，或交换只有销售员才知道的内幕资讯。在如同美食评论家的销售员伙伴口中，经常听到“点心师傅辻口先生”的大名，赞赏他的法国面包脆饼有多好吃！辻口先生在喜欢甜点的人当中，是无人不知的权威点心师傅。这里就要介绍辻口先生亲自打造，商品适合作为伴手礼的和式甜点店铺“和乐红屋”。

老家原本就是经营和果子店的辻口先生，虽然曾以西洋点心师傅名义参加许多世界大赛，但更加追求“和”的精神，并希望发扬至全世界，因此创立了这个活用和式素材来创作甜点的品牌。和乐红屋的代表作是“和风法国面包脆饼”，正是完美结合西式与和式素材的新感觉甜点。表面涂上和三盆糖与风味丰醇的北海道产发酵奶油，与法国面包脆饼构成美妙的平衡感，谱出高雅的甜味与特殊风味，酥脆好入口的口感让人上瘾。如有机会到这里的话，请务必试试看！

贩售处

涩谷 Hikarie ShinQs、ecute 品川、ecute 东京、ecute 上野等。

甜点权威，辻口博启

一般社团法人日本甜点协会代表理事，代表日本参加各种世界大赛，荣获以世界杯甜点大赛（Coupe du Monde de la Pâtisserie）为首的各种奖项，为有无数获奖经验的甜点界权威。

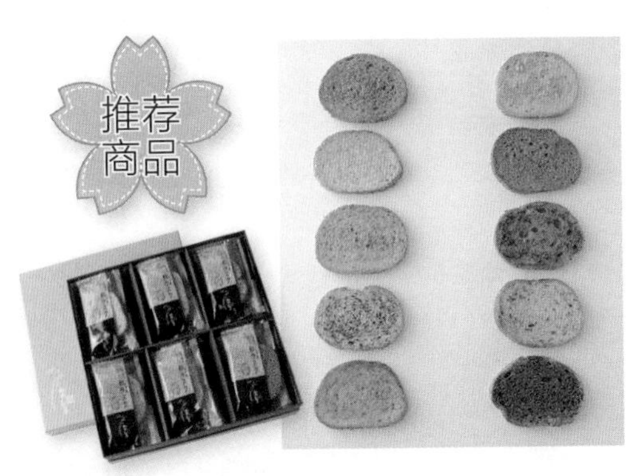

彩・和风法国面包脆饼（彩り和ラスク）
30 片装 4000 日元

将和风味浓厚的各种素材当成原料，一个一个仔细地以手工涂抹于法国面包上再烘烤，有甘王草莓、天空抹茶、黄豆粉、味噌、牛蒡等口味，是带有令人怀念口感的新滋味。

和三盆派（和三盆パイ）
5 片装 630 日元

以赞岐和三盆糖的温和口感及甜味，加上烤杏仁果的香醇仔细烘烤制成。外包装以可代表东京的景物为设计重点，适合当作东京的伴手礼。

麻布十番本店

- 东京都港区元麻布 3-11-2 カドル麻布十番 1 阶
- 03-6721-1232
- 11:00 ~ 19:00，不定休
- 从东京 Metro 地铁南北线“麻布十番站”步行 5 分钟
- www.waraku-beniya.jp

东京都

日本桥 千疋屋总本店 SEMBIKIYA

↑ 水果杏仁豆腐（絹ごしフルーツ杏仁）
（由左至右）草莓 540 日元、哈密瓜 648 日元、杧果 540 日元、葡萄 540 日元。

千疋屋可说是“百货公司地下街之花”！店铺采用最基本的装潢，并没有太多华丽的装饰，但贩售的水果们实在美不胜收！精心挑选的最高级水果，以及用这些高级水果所制成的甜点，这些闪闪发光的高级礼品让人忍不住看得入迷。据说千疋屋的水果是众多公司佳节赠礼的最佳选择，店内也常能看到各行各业知名人士来购买礼品的身影。之前我在百货公司地下街工作的店铺，刚好就在千疋屋的旁边——实在不好意思，事到如今才敢说出来，其实当时上班的时间，我满脑子想的都是“不知道隔壁千疋屋的水果杏仁豆腐卖完了没有？”有时候偷偷看着一个个被贵妇们买走的水果杏仁豆腐，只能泪眼默默跟它们道别。

想要推荐给大家的，是限定于羽田机场及东京车站铭品馆贩售的杧果口味！将香甜多汁的完熟杧果、切成星形的椰果与酱汁，大量覆盖在柔嫩滑顺如绢丝般的杏仁豆腐上，倒入酱汁的瞬间，犹如流星由空中滑落，让人忍不住爱上这视觉、味觉享受都有如梦境的甜点。请务必前来代表日本的老字号店铺——千疋屋总店，享受极品甜点。

贩售处

银座三越、伊势丹新宿店、新宿高岛屋、日本桥高岛屋、西武池袋本店、松屋银座、羽田机场等（每家店铺贩售商品各有不同）。

水果果冻（ピュアフルーツジェリー）

14 个装 5400 日元

仿佛将刚收获的甜美果实，镶嵌装饰于珠宝盒中。“白桃”充分发挥芳醇的香气，西洋梨中的女王“法兰西梨”（La France）尽情展现滑顺感，“猫眼葡萄”（Pione）着重于丰醇与奢侈的味道，“黄金桃”则将入口即化的甜味紧紧地锁住。是充分展现各种水果特色的畅销果冻。

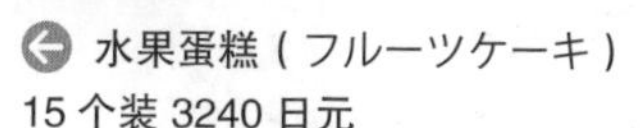

水果蛋糕（フルーツケーキ）

15 个装 3240 日元

质地湿润的蛋糕中，加入大量橘子皮、柠檬皮、樱桃、葡萄干。是水果专卖店所发想、以水果为主角的烤制点心。

店·铺·资·讯

千疋屋总本店（日本桥本店）

- 东京都中央区日本桥室町 2-1-2 日本桥三井タワー内
- 03-3241-0877
- 09:00～19:00（主要店铺），元旦、馆内检修日公休
- 从东京 Metro 地铁银座线或半藏门线“三越前站”到站即达
- www.sembikiya.co.jp

※ 日本桥 千疋屋总本店的店铺只开设于首都圈内

东京都

成城石井 SEIJOISHII

成城石井自家制优质起士蛋糕
（成城石井自家製プレミアムチーズケーキ）
821 日元

SHOP 贩售处

涩谷站东急东横店、LUMINE 新宿、LUMINE 横滨、名古屋站广小路口、京都丸井、近铁奈良站前、ALBi 大阪、难波 CITY 等。

成城石井自 1927 年于东京世田谷区的成城创立以来，提供种类齐全的国内外优质食材，是日本代表性的高品质超市。

与普通的超级市场相比，店内气氛及商品陈列摆设完全不同，从世界各地收集而来的精选红酒、起士、甜点等等，每项商品都非常有魅力，一不留神就会在此流连忘返。除此之外，店内的日本食品也非常丰富，在这里可以找到各式各样类别的精选商品，最适合想要购买不同种类商品时光临。由于品质优良，每当想要挑选正式谢礼或是较为简单的礼品时，成城石井真的可以帮上大忙。

要推荐的热卖商品是“成城石井自家制优质起士蛋糕”，以奶油起士为基底，搭配加入杏仁、葡萄干的起士蛋糕，添加蔗糖的磅蛋糕、杏仁粉加工的糖粉奶油细末（Streusel）做成的三层蛋糕。此蛋糕的制作过程需要经过繁复的手续，据说一年约可售出 67 万个以上。起士蛋糕吃起来味道浓厚，却带有清爽的后味，搭配酥脆可口的杏仁，与适时出现的葡萄干酸味这机关算尽的 3 层美味，是别的地方品尝不到的。以纸盒加上塑胶上盖包装，外层再包上一层保鲜膜，就算要携带也很方便，是可以不用考虑就能轻松购入的绝赞起士蛋糕。

手卷纳豆 180g 1717 日元

模仿寿司卷的外形，以独特制法将干纳豆、黄芥末、葱、酱油、霰饼等材料卷入海苔中，制成一口尺寸的小点心。因为能轻松地吃到对身体有益的纳豆而大受欢迎！

店·铺·资·讯

EPICERIE BONHEUR 成城石井 大手町店

为成城石井开设的新形态业种，提供女性偏好的严选食品，也贩售许多限定商品。

- 东京都千代田区大手町 1-5-5 大手町タワー B2 阶
- 03-5220-2951
- 07:30 ~ 23:00，不定休
- 从东京 Metro 地铁东西线或丸之内线等“大手町站”到站即达
- www.seijoishii.co.jp

Le Bar a Vin 52 AZABU TOKYO 麻布十番店

成城石井开设的首间正式酒吧，在此可轻松享受从世界各地收集的高级酒类与食材。

- 东京都港区麻布十番 2-2-10 麻布十番スクエア 2 阶
- 03-5439-6403
- 11:30 ~ 15:00；17:00 ~ 23:00（周五、假日前 11:30 ~翌日 05:00），不定休
- 从东京 Metro 地铁南北线或都营大江户线“麻布十番站”步行 2 分钟

神奈川县

镰仓 LESANGES 鎌倉レ・ザンジュ

镰仓派莎布蕾（鎌倉パイサブレ）
5 包装 648 日元

你曾到过镰仓吗？如果没有的话，请务必大驾光临。与京都相同，镰仓有许多令人憧憬的元素，会让人迸出“想要在那里住住看”的念头。远离都市喧扰，镰仓有着历史感的街道及四季开放的各种花卉，是最适合散步或安排约会行程的城市！现在就要介绍一家位于镰仓，拥有高人气的洋果子店“镰仓 LESANGES”。

镰仓的姐妹市是法国南部的尼斯，镰仓 LESANGES 的建筑物就是以尼斯的别墅为蓝图建造而成，每天都有许多为了品尝手工蛋糕及饼干的顾客光临，边眺望优美的中庭，边优雅地享受下午茶时光。

我曾经在百货公司展销会中，担任镰仓 LESANGES 的销售人员，店铺提供的西式点心全都非常美味，每一样都是精心制作，不论是口感、外观及包装等，都非常有品位，十分适合作为送人的伴手礼。

众多商品当中，我推荐镰仓派莎布蕾。从北海道生产的奶油及牛奶中，严选每个时节最高品质的产品为原料，用心烘烤制成的派莎布蕾有着浓郁的奶油口感，好吃到难以形容，无论吃多少都不会觉得腻！每次举办展销会时，都会有许多回头客前来购买，可见其诱人的美味。曾经有位香港顾客在试吃第一口之后，因为觉得太美味了而脱口说出：“我要买一大箱！”如此美味的伴手礼长久以来深受众多人的喜爱，只要尝过一次就会爱上，请务必试试看。

贩售处

横滨高岛屋。

↑ 软饼干镰仓小石
（ソフトクッキー鎌倉の小石）（S size）1728 日元
连续 3 年荣获 Monde Selection 金奖。以南法尼斯的蔚蓝海岸铺满的小石头形状为蓝图制成，是略带湿润口感的饼干。

↑ 湘南镰仓年轮蛋糕（湘南鎌倉バームクーヘン）1512 日元
从 1982 年创业以来，历经 30 年以上的自信之作。湿润的口感与柠檬特有的清爽酸味，创造出令人怀念口感的年轮蛋糕。

店·铺·资·讯

镰仓本店

位居车站不远处，却意外地十分安静。根据不同季节，会大量使用季节盛产的新鲜果实，与原料搭配出新鲜浓厚的风味，不间断地制作出最高品质的点心。欢迎在店内的中庭享受四季盛开的花朵与大自然之美，还能体会亲近野生鸟类和松鼠等乐趣。

- 神奈川县镰仓市御成町 13-35
- 0467-23-3636
- 10:00 ~ 19:00，无休
- 从 JR 横须贺线“镰仓站”步行 3 分钟
- www.lesanges.co.jp

滋贺县

CLUB HARIE クラブハリエ

年轮蛋糕
（バームクーヘン）
1620 日元

于滋贺县起家的超人气店家“CLUB HARIE”，是掀起日本年轮蛋糕风潮的先驱品牌，其人气于全国百货公司地下街火速蔓延，如今已成为可代表日本的店铺了。

CLUB HARIE 于 1951 年开始制作洋果子，至今已逾 60 个年头，重视制作洋果子的传统，并以讲究的方式烤制出引以为傲的年轮蛋糕，创造出任谁都信服的好滋味。只要询问滋贺县出身的日本人“家乡有什么值得自豪的东西”，十之八九得到的答案一定是“CLUB HARIE 的年轮蛋糕”。蛋糕师傅一层一层仔细制作的年轮蛋糕，有着湿润却入口即化的口感，不仅受到日本国民喜爱，在海外的观光客间也大受好评，好滋味只要吃过一次就忘不了！蛋糕体与最外层甜度恰到好处的糖霜搭配得刚刚好，十分适合于下午茶时刻享用。

在新形态店铺“B-studio”内，顾客可观看蛋糕师傅切蛋糕的过程，并享受刚刚切下的年轮蛋糕，所以总是人潮满满。

贩售处

东武百货店池袋店（设有咖啡厅）、横滨高岛屋、JR 名古屋高岛屋、阿倍野 HARUKAS 近铁本店、博多阪急等。

年轮蛋糕薄饼（ドライバーム）
1512 日元
将年轮蛋糕切成薄片后，放入烤箱慢慢地烘烤而成。年轮蛋糕的风味丰厚，口感酥脆好入口。

阿倍野 HARUKAS 近铁店

有各店铺限定的包装箱！

- 大阪府大阪市阿部野区阿部筋 1-1-43
- 依照阿倍野 HARUKAS 近铁本店营业时间
- 06-6624-1111
- 从地铁御堂筋线・谷町线或 JR“天王寺站”步行 1 分钟

La collina 近江八幡 main shop（ラ コリーナ近江八幡 メインショップ）

- 滋贺县近江八幡市北之庄町 ラ コリーナ
- 0748-33-6666
- 09:00~18:00，无休
- 从“JR 近江八幡站”搭近江铁道巴士“北之庄”下车步行 3 分钟（往“长命寺”或往“长命寺经由休暇村”的巴士）
- clubharie.jp

广岛县

DANISH HEART デニッシュハート

DANISH HEART 是日本的高人气面包连锁店“ANDERSEN”（アンデルセン）旗下品牌之一的甜点店，商品柜内陈列着爱心造型上的各种丹麦甜点，可爱的造型在电视和杂志上都成为热门讨论话题。每个 DANISH HEART 都是使用特殊心形专用模具现场制作，因此店铺不断散发出浓郁的香甜气味。

初次遇见 DANISH HEART 是在某天的午后，结束工作后走在回家的路上，经过店铺时，这些散发甜甜香味又可爱的甜点吸引了我的目光，一不留神已伫立于店铺前方，并脱口而出：“不好意思，请给我一个。”

结账后继续朝着车站前进，却因为袋里的丹麦甜点看起来实在太美味了，忍不住就在路上吃了起来（在日本几乎看不到边走边吃的人）——诶，究竟是为什么，口感如此酥脆！奶油的芳香入口后在口中扩散开，实在太好吃啦！顾不得已经走离店铺一段距离，马上奔回店铺前，一次把店里每种口味统统买齐！而且就算是放冷了之后再吃，还是很松脆，所以当成伴手礼也很合适。如果在百货公司地下街看到店内装潢以红色为基底，白色线条描绘爱心的招牌，千万不要错过喔！

糖霜口味 DANISH HEART
〔デニッシュハート（シュガー）〕1 个 141 日元
以珍珠糖装饰烘烤而成，外皮酥脆，里面柔软湿润。

夏威夷果口味 DANISH HEART
〔デニッシュハート（塩マカダミア）1 个 141 日元
以夏威夷果装饰，撒上盐与黑胡椒调味烘烤而成。

糖霜口味迷你 DANISH HEART
〔ミニデニッシュハート（シュガー）〕
100g 314 日元
一层又一层交织出松脆的丹麦酥，与酥脆的珍珠糖搭配出多层次口感。

坚果口味迷你 DANISH HEART
〔ミニデニッシュハート（ナッツ）〕
100g 314 日元
可爱的心形加上散发香气的胡桃，口感十足。

DANISH HEART 精美礼盒
（デニッシュハートアソート）1 盒
1080 日元
推荐给想要一次品尝多种口味的人。

店·铺·资·讯

ANDERSEN 名铁百货店名古屋店

愛知县名古屋市中村区名驿 1-2-1
名铁百货店メンズ馆 B1
052-587-5315
10:00~20:00（公休以名铁百货店名古屋店为准）
从 JR“名古屋站”即达

ANDERSEN 京都伊势丹店

京都府京都市下京区乌丸通盐小路下ル东盐小路町 B1
依照 JR 京都伊势丹营业时间
075-352-1111
从 JR、近铁、地铁“京都站”即达
※ 其他店铺资讯（全日本皆有分店）
www.andersen.co.jp/dh/shop

青森县

RAGUENEAU　ラグノオ

提到青森就能想到它以盛产苹果而闻名，而RAGUENEAU贩售的“令人在意的苹果”（気になるリンゴ），竟然奢侈地使用一整颗青森县产的“富士苹果”制作而成，是能代表东北的超人气伴手礼！

因为“想将未经过度加工的苹果直接做成苹果派”的想法而开发出的长期热销商品“令人在意的苹果”，是将一整颗以糖浆腌渍的富士苹果包进派皮内，将苹果原味完整地保留下来，尝起来爽口且不会过甜，是极具视觉冲击感且分量充足的苹果派！为了保有苹果脆脆的口感，过程中特别耗费了许多时间与精力，也因为有这些努力，截至目前已获得多数奖项，在电视、杂志上发表的推荐日本伴手礼排行榜中，也经常获得前几名的名次，更在第24回全国果子大博览会获得金奖殊荣！

只要询问青森的朋友：“青森有什么推荐的伴手礼呢？”最先成为话题的一定就是RAGUENEAU的商品。在RAGUENEAU可享用各式苹果甜点，无论是哪个品项都十分美味！要不要一起沉浸于RAGUENEAU酸酸甜甜、如梦似幻的苹果世界呢？

令人在意的苹果（気になるリンゴ）
1个 700日元
在东京许多特产商店也能买到此项商品，请务必买来当伴手礼！

↑甜点师傅的苹果棒（パティシエのりんごスティック）4 袋装 620 日元

曾获 2013 年第 26 回全国果子大博览会金奖。将青森县生产的苹果切成较大的苹果块，与海绵蛋糕一起包进派皮内。

店·铺·资·讯

 百石町 RAGUENEAU SAKI（ラグノオ サキ）

- 青森县弘前市百石町 9 番地
- 0172-33-2122
- 08:00 ~ 19:00，年底年初公休
- 从 JR“弘前站”步行约 20 分钟
- www.rag-s.com

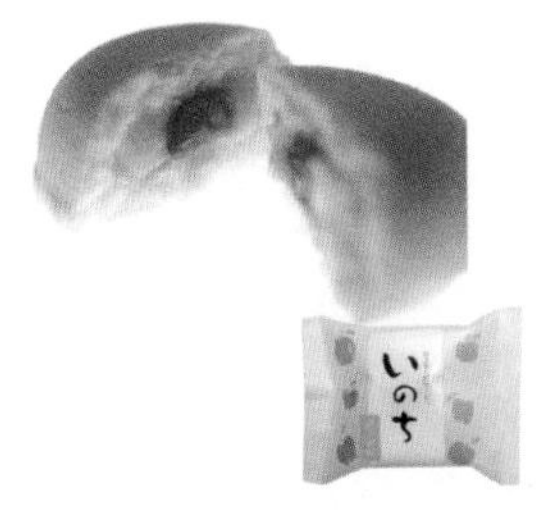

←命（いのち）
10 个装 1140 日元

柔软的蒸蛋糕包覆着黏稠的卡士达酱内馅与苹果酱，口感松软绵密（译注：为纪念 1986 年以弘前为背景的 NHK 大河剧《命》，而取作此名）。

 贩售处

日本全国特产贩售店、RAGUENEAU 新青森站大楼 青森旬味馆店。

青森县特产直销商店 青森北彩馆（青森県アンテナショップ あおもり北彩館）

- 东京都千代田区富士见 2 丁目 3-11 青森县民会馆 1F
- 03-3237-8371
- 10:00 ~ 19:30，12 月 31 日公休
- 从 JR“饭田桥站”步行约 5 分钟

岩手县

小岩井农场 KOIWAI FARM

↑小岩井农场起士蛋糕 牧场牛奶
（小岩井農場チーズケーキ まきばのみるく）
4号尺寸（12厘米）1868日元
迷你尺寸 410日元
※为冷冻品，食用前需先放置于冰箱冷藏室3～4小时解冻，开封之后请尽早享用。

创业于1891年的小岩井农场，以代表岩手县的观光地而闻名。其品牌的乳制品及甜点，因为味道、品质、安全性都有保障，长久以来受到许多日本人的喜爱。

小岩井农场以广大农地内生长的牧草及玉米当饲料，用心饲育牛只，因此生产出来的乳制品，不管是哪一种都有着令人满足的好滋味。所有商品当中，我最推荐的是“小岩井农场起士蛋糕 牧场牛奶”，有着优质起士及生奶油的浓厚口味起士蛋糕，是唯有这里才能制作出来的。为了制作如此湿润且细致的超人气口感，不惜耗费许多时间及心力，美味的关键因素就在于奶油起士——是小岩井农场为了此款蛋糕，特地制造的独创品，刚入口味道浓厚、芳醇，后味却清爽宜人，不论吃多少都不容易腻。

除了原料讲究，制作蛋糕的专业师傅还会根据当天的温度与湿度，来调整材料的用量，以及加入调配的时间点，每一个步骤都非常仔细用心。品尝这种起士蛋糕，能感受到手工制作的好滋味，不管是甜度、后味还是口感，都是在在完美的绝品。

贩售处

小岩井农场牧场园内商店、岩手银河PLAZA、花卷机场等。

小岩井低温杀菌牛乳 ➔
200ml 210 日元

完整保存新鲜现挤的鲜乳美味，为乳脂肪未经均一化调整的无均质牛乳。

➔ **小岩井农场优酪乳**
（小岩井農場のむヨーグルト）
150ml 170 日元
500ml 500 日元

发挥生乳原本风味的优酪乳。从准备牧草的土壤开始，以一条龙方式饲育的健康乳牛们所生产的鲜乳，在优酪乳中可完整品尝到其丰醇风味。

小岩井农场牧场园

坐拥总面积 3000 公顷，创业至今有百余年历史的综合农场。包括骑马、搭乘马车等，有众多可接触大自然的活动可供选择。能享用农场引以为豪的起士蛋糕、新鲜的乳制品等，还能在餐厅品尝由现挤鲜乳制成的冰淇淋及蛋类料理。

- 岩手县岩手郡雫石町丸谷地 36-1
- 019-692-4321
- 由于季节与天气不同，营业时间时有调整，请详见官网
- 从 JR 田泽湖线“小岩井站”约 15 分钟车程
- www.koiwai.co.jp

店·铺·资·讯

小岩井农场 ecute 东京店

此商店提供由小岩井农场严选直送的各种商品，像是以农场生产的鲜乳作为原料的优酪乳，还有以严选素材制成的起士蛋糕、布丁等商品。

- JR 东京车站内 1 楼 South Court“ecute 东京”内
- 03-3211-8990
- 以“ecute 东京”为准

※ 无贩售小岩井农场起士蛋糕、牧场牛奶

冈山县

蒜山酪农农业协同组合

HIRUZEN RAKUNO FARM

**↑ 蒜山泽西乳牛优格（蒜山ジャージーヨーグルト）
100ml 113 日元**

蒜山酪农位于日本数一数二的度假胜地冈山县北部。物产丰富，海拔 500 米的大草原上饲育着 2000 头稀有品种的泽西乳牛，数量为日本第一。以当地种植、管理的牧草悉心喂养的泽西乳牛所产的生乳，做成各式乳制品，长久以来深受大家的喜爱。

这次要推荐的是蒜山酪农的招牌商品，畅销长红的“蒜山泽西乳牛优酪乳”，是喜欢乳制品的我，最有自信推荐给大家的优格。因为是以新鲜的泽西生乳直接进行杀菌、发酵所制成的天然优格，所以可以尽情享受牛乳最原本的味道。与市售的其他优格不同，一打开盖子就能看到上方浮着一层浓厚的奶油，实在是说不出的奢侈好滋味！入口即化的优格，带着温和的甜味与清爽的口感，吃进一口，就像是感受到高原上清爽的凉风迎面吹拂一般——从来没有吃过这么好吃的优格，一定会让你备感惊喜！

无添加防腐剂、安定剂及脱脂奶粉等添加物，加上制作过程绝对遵循古法，吃起来安心又安全，而且只要一百多日元就能享受，可说是奇迹的优格！这种幸福的滋味，全日本的许多百货公司及高级超市皆有贩售，不妨找找看。啊！真想一次吃下一整桶！

贩售处

日本桥高岛屋、西武池袋本店、羽田机场、名古屋松坂屋、JR 京都伊势丹、近铁奈良店、大丸心斋桥店、大丸神户店、博多阪急等（皆非常设店铺，于百货公司内超市等食品卖场贩售）。

蒜山泽西乳牛优酪乳
（蒜山ジャージー飲むヨーグルト）
150ml　171 日元
保留优格原味及香浓所制成的饮品。原料采用自然的宝库——蒜山高原产的浓醇泽西牛乳。使用乳酸菌发酵保存原本的风味，提供自然的奶香美味。

蒜山酪农所种植的牧草富含 β－胡萝卜素，大量吃进这些牧草的健康乳牛所生产的生乳，因为略带浅金色的外观、优质的味道及品质，而被誉为“黄金牛乳”，于 2013 年举办的东京国际食品展中的“各地牛乳冠军赛”中，“蒜山泽西高级牛乳”获得最高荣誉的金奖殊荣。

店·铺·资·讯

蒜山泽西乳牛牧场
（ひるぜんジャージーランド）

位于富有大自然景观的高原地带，可远眺雄伟并列的三座蒜山（上蒜山、中蒜山、下蒜山）及放牧中泽西乳牛的悠闲模样。也可于餐厅享用以泽西牛乳制成的哥达起士为材料的起士火锅（チーズフォンデュ），及大量使用泽西乳牛肉制成的原创料理。

冈山县真庭市蒜山中福田 956-222
0867-66-7011
由于季节与天气不同，营业时间时有调整，请详见官网
JR 姫新线“中国胜山站”出发约 50 分钟车程，或搭“往蒜山高原”巴士 100 分钟在“中福田”下车
jerseyland.hiruraku.com

PART 03

日本智慧的精粹
——和食素材＆调味料

你知道日本的和食文化已登录为世界遗产吗？而和食中，调味料不只是不可或缺的存在，更与日本的历史与饮食文化息息相关！这里除了推荐和食素材与调味料，还要让你在家就能完美复制日本家庭料理！

千叶县

亀甲万

亀甲万 新鲜生酱油（キッコーマン いつでも新鮮 しぼりたて生しょうゆ）
450ml 建议售价 280 日元

要说在日本和中国家庭的厨房中都有酱油这个调味料，一点也不夸张。不过，酱油能一直保持原本购买时的风味吗？我常因价格划算而买了大罐的酱油，然后分装在小容器中使用。但当酱油用到最后时，总会感到疑惑：“诶？我买的酱油是这么奇怪的味道吗？”原来，酱油接触空气后会产生氧化，颜色和风味都会改变！酱油一向给人全黑的印象，其实新鲜的酱油带有一点淡红色且略微透明喔！对出生于酱油王国的我来说，一直没有深入地思考酱油的新鲜度及品质等事项，真是有点难为情！直到遇见日本代表性酱油制造商“亀甲万”的畅销商品“亀甲万新鲜生酱油”，才改变了我对这个常见调味品的看法！

近年来，新鲜生酱油的美味与便利性蔚为话题，十分受欢迎。所谓的生酱油是指尚未经过加热处理的酱油，因为如此，酱油咸味较醇和、甘味爽口，闻起来有温和的香气。正因为是没有经过加热的生酱油，所以料理时也能品味酱油加热时所散发出的独特香调。最重要的是，此款生酱油采用于日本酱油界掀起革命、拥有双层构造的“密封保特瓶”包装，包装设计让空气不易进到瓶中，能确保开封后 90 天内的新鲜度；使用时只需倒出需要的分量，不仅在意使用者的健康，对使用者也很贴心。如此划时代的酱油商品，是前所未有的！我很喜欢将生酱油搭配生鱼片，每天都可以享受新鲜的美味喔！

贩售处

全国超市、零售店等。

遵循古法的龟甲万

亀甲万诞生于千叶县的野田。千叶的野田与铫子的气候，十分适合酿造酱油，且周边平原种植大量黄豆与小麦，盐的部分则可从江户川的河口大量取得，成为昔日关东的酱油主要生产地。除此之外，利根川、江户川的存在，对于运送原料及成品都十分方便，更成为此地酱油酿造业的良好条件。

野田酱油酿造图

明治时代的知名演员参观酿造酱油、压榨、装桶等过程。龟甲万沿袭传统，至今仍遵照古法酿造酱油。

明治十年由三代目歌川广重所绘制的“大日本物产图绘”，内容描绘从江户时代延续下来的日本各地产业及特产品。由此可知，千叶县的野田是全日本重要的酱油产地。

昭和五年时，工厂将酱油装桶的作业景象。

何谓丸大豆、本酿造？

“丸大豆”指的是整颗黄豆的意思。大部分酱油使用的黄豆，是先将黄豆中的油脂去除，再经过加工作为原料使用。而保留黄豆油脂做成的酱油，能尝出浓醇温和的口味以及深厚的甘味。

“本酿造”的意思是将黄豆、小麦等原料，利用曲菌或酵母等进行长时间发酵，熟成后制成。比起加入胺基酸液让原料在短时间内熟成、再经化学处理分解发酵的酱油，本酿造酱油不论是色泽、味道还是香气都十分均衡。

← 龟甲万特选丸大豆酱油（キッコーマン特選丸大豆しょうゆ）750ml
建议售价 380 日元
由黄豆美味引出甘味、浓醇、风味丰醇的精选丸大豆酱油，能带出每道料理的美味。

酱油的种类与等级

市面上的酱油品项非常多，你知道该如何挑选吗？

依照美味成分的多寡及颜色的浓淡，酱油可区分为特级、上级、标准等，最近又增加比“特级”多10%美味成分的“特选”等级，购买时可多留意瓶身的标示。而除了等级以外，你知道浓口酱油、淡口酱油和大豆酱油有什么差别吗？

浓口酱油（こいくち醤油）

占日本生产酱油总量八成以上，最普遍的基本酱油。除了用于蘸酱、加味之外，也可用于煮物、烤物、高汤、酱料等用途上，是几乎所有调理方式都能使用的万用调味料。现在陆续出现像是使用整颗黄豆当成原料、有着浓醇深厚风味的酱油，以及经过认可的有机酱油等。

淡口酱油（うすくち醤油）

大豆酱油（たまり醤油）由上方料理（京都、大阪的料理）发展而来，适合料理使用的酱油。淡口的意思是“颜色较淡”，而非盐量含量较少之意（其含盐量甚至比浓口酱油高2%）。其特征是在酿造过程完成前加入甜酒与麦芽糖，酱油风味没有那么浓厚。适合搭配鱼类及蔬菜料理，引出食材本身的美味，也可作为乌龙面的汤头。

大豆酱油（たまり醤油）

大多数酱油的原料为黄豆与小麦各半，大豆酱油则几乎完全使用黄豆。因为富含蛋白质，因此较为浓稠，风味浓厚。常使用于生鱼片的蘸酱上，又因加热后会带点美丽的淡红色，所以也常被用在煎饼等需蘸酱烘烤的食物中。

关于味醂

日本从以前开始就很喜欢使用味醂，在最早的时候是作为甜酒饮用而广受欢迎。关于味醂的起源，有种说法是来自从中国传入名为“蜜淋”的甜酒；另一种说法是日本古时为了防止“练酒”“白酒”等甜酒腐坏，在其中加入烧酒而成为味醂。

江户时代中期，开始将味醂使用在荞麦面的蘸面酱上，从明治时期后才运用在各式各样的料理中。味醂能使料理增添光泽感，除了品尝起来带有较高雅温和的甜味外，也可抑制材料的腥味、防止饭菜煮得过熟，以及带出料理的美味等作用。味醂及酱油对日本的饮食文化来说，是两项绝对不可或缺的调味料。

万上 米曲味醂（マンジョウ 米麹こだわり仕込み本みりん）450ml 建议售价 280 日元
米的用量是制作米曲时的 2 倍，因米曲中的酵素发挥作用，更能引出米的美味。带有高雅温和的甜味以及浓醇的口感。

美和の COLUMN ③

龟甲万直接传授！美味日式料理食谱

马铃薯炖肉

日本人认为最有“妈妈的味道”的料理，也是日本女孩想讨心上人欢心的必备拿手菜！

材料（2 人份）

牛肉（或猪肉）切片	100g
马铃薯	3 个
洋葱	1/2 个
红萝卜	1/2 条
蒟蒻丝	100g
沙拉油	2 小茶匙
高汤	1.5 杯
龟甲万特选丸大豆酱油	2 大茶匙
万上芳醇本味醂	3 大茶匙
砂糖	1/2 大茶匙

做法

1. 将牛肉切成一口大小，洋葱切成月牙形，红萝卜切成不规则状，马铃薯切成一口大小，将水分沥干。蒟蒻丝烫过之后，切成易入口的大小。
2. 在锅中倒入沙拉油后加热，将洋葱炒过之后，加入牛肉，之后加入红萝卜、马铃薯、蒟蒻丝混合拌炒。
3. 加入高汤煮至沸腾，去除浮沫后加入酱油、味醂、砂糖，将锅盖盖上。再沸腾后转小火煮 15 ~ 20 分钟。

牛肉寿喜烧

入味的牛肉及洋葱、白饭非常搭！放在白饭上头，不管是做成丼饭或淋上蛋汁做成盖饭，都值得推荐！

材料（2人份）

牛肉切片 …… 100g
煎豆腐 …… 1/2块
洋葱（切薄片） …… 1/2个
青葱 …… 2根
（A）
龟甲万特选丸大豆酱 …… 50ml
万上芳醇本味醂 …… 100ml
酒 …… 50ml

做法

1. 将（A）倒入锅中后开火，滚了之后将牛肉片散开后放入，煮到肉熟了之后取出。
2. 在锅中放入切成一口大小的煎豆腐及洋葱，以中火煮至变软。
3. 将肉片、煎豆腐及洋葱装盛于容器中，撒上切成细末的青葱。

味噌煮鲭鱼

广为人知的下饭料理，请趁热享用！

材料（2人份）

鲭鱼（切块） …… 2块
生姜 …… 1/2片
葱 …… 1/2根
红辣椒（小） …… 1根
味噌 …… 1大茶匙
（A）煮汁
味噌 …… 1大茶匙
龟甲万特选丸大豆酱油 …… 1小茶匙
万上芳醇本味醂 …… 1大茶匙
酒 …… 3大茶匙
砂糖 …… 1/2大茶匙
水 …… 3/4杯

做法

1. 将鲭鱼洗干净后擦干，在鱼皮上画刀，放在筛篱上后淋上热水。
2. 将生姜切片，葱切成3厘米左右的小段。
3. 在平底锅内倒入（A）所有材料，将其混合后开火，待沸腾后加入鲭鱼、生姜片、葱段和红辣椒，再以铝箔纸做成盖子盖在上方，以中火煮7～8分钟，并随时将煮汁淋在鲭鱼上。将味噌溶入煮汁之后，再煮7～8分钟。

京都府

本田味噌本店 HONDA MISO

西京白味噌
每包 500g 装
648 日元

色白细腻的高雅味噌，使用的高级米曲分量是大豆的 2 倍，曲的醇和甜味有着令人安心的味道。推荐用于与醋味噌混合、田乐料理、洗米水煮萝卜上。请务必品尝拥有 200 年历史，为京都饮食文化之一的西京味噌滋味。

贩售处

京都高岛屋、JR 京都伊势丹、大丸京都店。

说到日本人的饮食文化，就不能忘记味噌的存在。日本有各式各样的味噌，受地域气候、风土影响、熟成时间而有不同味道、颜色和风味。除此之外，还可依照原料区分为米味噌、豆味噌等，由此可知，味噌的世界真的非常深奥。

代表京都味噌的专卖店本田味噌本店，是制作怀石料理等会使用的西京味噌之始祖老店。本田味噌本店位于京都御所附近，是拥有 200 年悠久历史的名店。第一代老板丹波屋茂助因为制作曲而受到赏识，因此进献制作料理用的味噌供皇室使用，往后只要有值得庆祝的仪式，就会使用此味噌。西京味噌更与京都华美文化中的皇室、公家的有职料理、茶会的怀石料理、禅宗的精进料理等融合的“京料理”一同发展。

明治维新后，味噌也成为一般可贩售的商品而广为流传，当时将江户称作“东京”，而京都则为“西京”，因此此味噌被称为“西京味噌”，广受大众喜爱。本田味噌本店内，展示着当时能进入御所的通行许可证等物品，到京都旅行时，请务必到这里来感受历史的魅力。

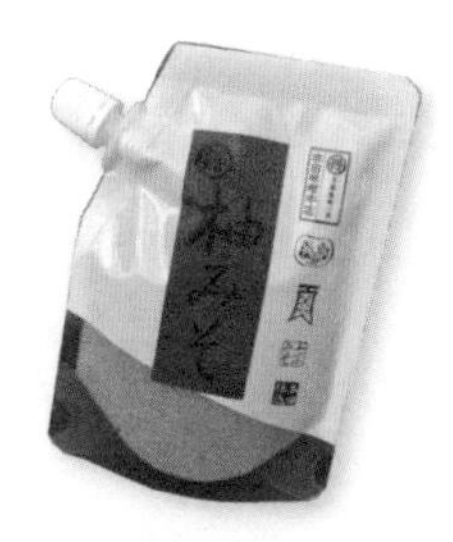

↑ 柚味噌（柚みそ）120g 324 日元

以西京味噌为基底，将柚子的风味煮进西京味噌中。可用于洗米水煮萝卜、汤豆腐、冷豆腐等料理上。柚子的香气让人食指大动，是吃过一次便永生难忘的绝品。

↑ 红曲味噌（红こうじ味噌）
每包 500g 972 日元

深厚浓醇的味道为其特征。推荐可使用于大量放入当季蔬菜的味噌汤。

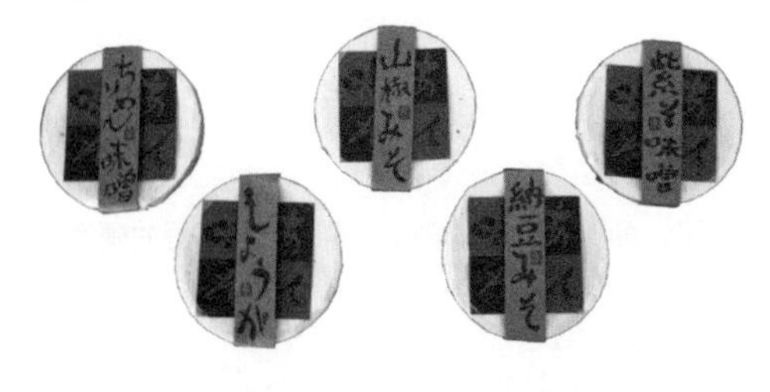

↑ 味噌酱（あて味そ）吻仔鱼味噌（ちりめん味噌）、山椒味噌（山椒みそ）、紫苏味噌（紫そ味噌）、生姜（しょうが）、纳豆味噌（納豆みそ）各 540 日元

以西京白味噌等数种味噌为基底，制成适合配饭及当成下酒菜的绝品。每一项商品都是以手工制作。

↑能进出禁里御所（现在的京都御所）的通行许可证，有着皇室象征的菊纹火钵。

店·铺·资·讯

本田味噌本店

京都市上京都区室町通一条 558

075-441-1131

10:00 ~ 18:00，周日公休

从市营地铁乌丸线“今出川站”步行 6 分钟

www.honda-miso.co.jp

美和の COLUMN ④

本田味噌本店直接传授！以西京白味噌制作的料理食谱

西京白味噌汤圆

材料（2 人份）

白玉粉……40g
地瓜……50g
水……适量
南瓜……1/16 个
红萝卜……1/8 根
牛蒡……1/8 根
生香菇……2 朵
烤穴子鱼……1/2 条
青葱……1/4 根
西京白味噌……50g
高汤……400ml

做法

1. 将地瓜削皮后切成 1 厘米左右的大小，蒸软之后趁热过筛。
2. 在料理盆中放入白玉粉，与蒸熟过筛的地瓜混合揉成面团，可视情况添加水分。等面团与耳垂的硬度差不多时搓成棒状，约切成 1.5 厘米的小段并搓成圆形，再将中央轻轻压凹。
3. 用锅将水烧开，将做好的汤圆放入水中，煮好后捞出。
4. 将南瓜、红萝卜切成银杏状，青葱切成葱末。牛蒡刨丝后浸泡于醋水中防止氧化，再以清水冲洗。
5. 生香菇切除根部后，切成一口大小。
6. 烤穴子鱼切成 2 厘米左右的宽度。
7. 在锅中倒入高汤，放入南瓜、红萝卜、牛蒡、生香菇后开火。
8. 蔬菜煮好之后，加入西京白味噌，再加入烤穴子鱼与汤圆炖煮。
9. 煮好后装入小碗，以青葱末装饰。

练味噌

材料（2 人份）

西京白味噌……500g
味醂……300cc
蛋黄……2 个

做法

1. 将所有材料放入较大的锅中均匀混合，以小火熬煮。
2. 边熬煮边搅拌约 15 分钟，待变成原本白味噌的硬度后，将火关闭让味噌冷却。
3. 装入容器后放入冰箱内，静置 2 周左右。可搭配煮萝卜（P.94）、烤茄子、豆腐享用。

西京白味噌酪梨沙拉酱

材料（2 人份）

西京白味噌……80g
酪梨……1 个
豆腐……60g
薄荷酱油……1/2 大茶匙
柠檬……适量

做法

1. 将酪梨削皮去籽后过筛。
2. 将豆腐过筛。
3. 将所有材料混合在一起，根据喜好加上柠檬汁。

东京都

万久味噌店 MANKYU MISOTEN

味噌的老字号“万久味噌”，自从200年前于浅草寺内寿德院门前创业以来，就被昵称为“味噌的万久”，为长年来备受喜爱的店铺。一踏入店内，仿佛穿越时光回到江户时代一般，味噌的芳醇香气缭绕不散。

店内贩售从日本各地选购的特选味噌，以及将这些特选味噌混合而成的混合味噌，请务必品尝看看这些以传统与经验孕育出的讲究之味。另外，与一般包装贩售不同，店内味噌是以秤分量出售，可品尝最新鲜的活曲菌味噌滋味。

我推荐的商品是“万久特选甘口糀”。温和的口感轻轻散发出曲的风味，与白萝卜、红萝卜等根茎类蔬菜煮成豚汁，别有一番特殊风味。另一个要推荐的是“江户甘味噌”，是仅在部分关东地区才会制作的贵重味噌。在江户时代，出身于三河（现在的爱知县东部）的德川家康，将当地的八丁味噌口味带到江户地区，而江户地区的人们将八丁味噌的味道搭配西京味噌的甜味，做成兼具双方优点的味噌，据说就是江户甘味噌的起源。在制作煮物、煮鱼等料理时，于最后加上一茶匙江户甘味噌，就能让整道料理味道更加丰醇。

万久味噌守护着和食文化中不可或缺的“味噌”历史，前往浅草寺参拜时别忘了顺道来看看。店内也有贩售加入味噌或曲菌所制的冰淇淋，以及可当成简单伴手礼的味噌口味花林糖。

店·铺·资·讯

万久味噌店

- 东京都台东区花川户 2-8-2
- 03-3841-7116
- 09:00 ~ 18:00，周日、假日公休
- Metro 地铁银座线，东武伊势崎线“浅草站”步行 5 分钟
- foodpia.geocities.jp/man9miso

※ 味噌购入后请务必放入冰箱保存，开封后请尽量避免与空气接触。若放置于太热的地方，味噌会因温度影响而较容易产生褐变（颜色变得较深），香气与味道也会变得较差。

美和の COLUMN ⑤

深奥的味噌世界

资料提供／全国味噌工业协同组合联合会、味噌健康制作委员会

味噌对日本人来说是不可或缺的存在，近年来因为和食风潮，有愈来愈多的地方开始注意味噌的健康效果。让我们一起窥探深奥的味噌世界吧！

味噌的历史

味噌起源于古代中国的酱类及豉类，这些食品流传到日本后，经过改良再加上独创的制作方法，渐渐演变成今日大家所知的味噌。据说在镰仓时代，武士们每天的菜单是5合糙米（译注：1合 = 180mL= 150g）、味噌汤加上鱼干等配菜，虽然看起来只是普通的粗食，但其实糙米提供一天所需热量，鱼干等配菜提供了钙质及蛋白质，味噌则可补充其余营养素，非常符合健康理论。这种饮食方式成为日本人日后的饮食基础，延续至明治时期、大正时期。根据估计，日本每个人一年食用的味噌量高达1.8公升。

从室町时代开始，味噌逐渐演变成像现在的形态，当时的味噌汤仍能看到黄豆的残留颗粒。到了镰仓时代，人们开始磨碎味噌颗粒，相关菜单也逐渐增加，据说至今流传的味噌料理大多是在此时被开发出来的。

味噌的健康效果

江户时代流传着这样一句谚语：“与其付钱给医生，不如拿来买味噌。”由此可知，当时味噌的健康效果就广为人知。即使遇上饥荒，粮食短缺，人们还是相信只要有味噌，就能度过饥荒时期、守护家人健康，因此农家仍会持续制作味噌。而实际上，当时治领各国的“大名”们，的确也奖励大家多制作味噌。在平均寿命只有三十七八岁的当时，享寿 73 岁的德川家康每天都会喝“加入五菜三根（五种叶菜、三种根茎类）的味噌汤”来维持健康。

而目前的研究指出，味噌可降低中风、痴呆症、心脏疾病的发病几率及罹癌风险，还能预防骨质疏松、改善糖尿病、防止老化以及美白效果。

味噌的保存方法

保存味噌的最佳方式就是放进冷冻库中，因为味噌并不会结冻，所以只要一拿出冷冻库就可以马上使用。开封之后，也请记得尽量不要让味噌与空气有过多接触。

照片提供／本田味噌本店

美和の COLUMN ⑥

挑选你喜欢的味噌风味

资料提供／全国味噌工业协同组合联合会、味噌健康制作委员会

味噌主要是以黄豆为原料，再混入盐与曲菌发酵制成。根据区域不同，加上各地特色与气候影响，有赤味噌、白味噌、混合味噌等，种类十分丰富。

另外，依照不同比例、发酵及熟成过程，风味也各有不同。像是使用的盐巴较多、熟成时间较长的咸味噌，味道浓厚，有着发酵熟成后的特有芳香；使用曲菌量较多的甜味噌，富有甜味，有曲菌特有的香气；麦味噌亦有其特有的麦香等味道；若是习惯豆味噌的味道，就能品尝出其特有的高雅涩味及浓厚。不妨从种类丰富的各式味噌当中，挑选出自己喜欢的味噌吧。

米味噌

以大豆及米曲发酵、熟成后制成。约占日本味噌总产量八成，自北海道到本州、四国等区域皆有生产，有着各式颜色及风味。

信州味噌（长野县）

约占日本味噌产量 40% 以上，为淡色咸味噌的代表，具有清爽口味及清新香气。

仙台味噌（宫城县）

咸口味的红味噌，味道浓厚，特征是经过长时间熟成而产生的芳香，适合用于蛤蜊汤、蚬汤、猪肉汤等料理。

西京味噌（京都府）

熟成时间较短，带有甜味及高雅香气。常使用于制作醋味噌，使用西京味噌腌渍鱼肉

及肉类的西京渍也十分出名。

江户甘味噌（东京都）

甜口味红味噌。带有蒸过黄豆所发出的浓厚香气，以及与曲菌甜味调和的独特浓厚甜味。

越后味噌（新潟县）

咸口味红味噌。使用经过碾米加工的圆米为原料，特征为留有米粒的形状，盐分浓度较高，味道十分浓厚。

麦味噌

由黄豆加上麦曲菌发酵、熟成后制成，主要生产于九州地区，又被称作田舍味噌。

萨摩味噌（鹿儿岛县）

为甜口味且颜色较淡，特征是留有小麦的颗粒。

濑户内麦味噌（爱媛、山口、广岛县）

富有小麦独特香气，带有清爽的甜味。

豆味噌

由黄豆发酵、熟成后制成，主要生产于东海地区。

八丁味噌（爱知县）

有着浓厚的味道及高雅的涩味，略带苦味，常被用来制作怀石料理。

除此之外，也有将各种味噌混合制成的“混合味噌”，种类十分丰富。

东京都

浅草 MUGITORO 浅草むぎとろ

浅草 MUGITORO 茶荞麦面（干面附蘸面酱）
5 袋装 2268 日元 1 袋 432 日元

贩售处

日本桥高岛屋（贩售于“味百选”，无盒装）。

山药有整肠及滋养的功用，在日本常见的传统吃法，是直接将生山药磨成“山药泥”享用，你试过吗？

浅草的老字号“浅草 MUGITORO”，就是以“山药泥麦饭”闻名的山药泥怀石料理名店，以使用当季特有食材的健康怀石料理，与使用山药泥制成的各式伴手礼，成为大家讨论的话题。我推荐“茶荞麦面”，抹茶的香气与 Q 弹有咬劲的面条，配上生山药泥，是全日本荞麦面迷念念不忘的独创好滋味，不论是香气还是滑溜好入喉的口感，都让人一碗一碗吃到停不下来。因为附上了蘸面酱，就算在家中也能享受跟在日本老字号店铺一样的好滋味喔！

店·铺·资·讯

本店

可边眺望隅田川川流及驹形堂，边享用山药怀石料理，以及将汉方食材制成类似山药泥麦饭的药膳料理等季节料理。平日的午餐时段，只花 1000 日元就可以享用山药泥麦饭吃到饱！

- 东京都台东区雷门 2-2-4
- 03-3842-1066
- 11:00 ~ 21:00（last order），无公休
- 从地铁浅草线“浅草站”步行 1 分钟
- www.mugitoro.co.jp

福冈县

久原本家 茅乃舍 KAYANOYA

茅乃舍高汤
（茅乃舎だし）
8g X 30 袋
1944 日元

想要做出美味的日式料理，有项不可或缺的材料，就是“高汤”。一般来说，日式高汤的食材虽然不出柴鱼、昆布、小鱼干、烤鱼下巴、脂眼鲱等，但光靠一己之力想做出理想中的高汤，要花费非常多的时间及心力。随着时代转变，高汤粉及袋装高汤也愈来愈常被使用了——不过，越是方便的食品添加物越多，但本店设于九州福冈县的“久原本家 茅乃舍”可不一样！会知道这间店，是一个日本主妇朋友告诉我的，当学生时代完全不会做菜的她竟然说出：“用茅乃舍的高汤煮出来的料理，真的变得比较好吃！”我想，一定是为了心爱的另一半每天拼命地学习吧！

店铺内以不需花时间及精力，就能引出食材真正美味的“茅乃舍高汤”为首，各式各样不添加化学成分、防腐剂的调味料一字排开。茅乃舍高汤只使用严选食材，让每项食材发挥最大的美味，加入水中沸腾后只需煮 1 ～ 2 分钟，就能得到高级料理店口味的高汤。由于原料中加入高级柴鱼，香气十分高雅浓郁，可广泛使用于各种汤类、煮物等，让家中的和式料理连升好几个等级唷！虽然价格比一般高汤高上一些，但品质优良，可以制作出大量高品质高汤，剩下的原料部分，也可以与酱油混合后拌上蔬菜，当成小菜。

SHOP 贩售处

大丸札幌店、大丸京都店、大丸神户店、松坂屋古屋店、东京 Midtown、横滨高岛屋、博多DEITOS、博多Riverain等。

小鱼高汤
（煮干しだし）
8g X 30 袋 1944 日元
将日本家庭料理中经常使用的小鱼干等，制成方便使用的粉末，与家常菜及味噌汤非常搭，有着小鱼干特有的甘醇与美味。

茅乃舍酱汁（茅乃舍つゆ）
200ml 540 日元
将日式料理的基础——高汤、酱油、味醂——以恰到好处的比例调制而成。可稀释后当作沾面露使用，用途广泛。

和风渍物酱汁
（和風ピクルスの素）
300ml 756 日元
可将小黄瓜、白萝卜、红萝卜等简单地做成和风醋物。

蔬菜高汤（野菜だし）
8g X 24 袋 1944 日元
使用了富有甜味的美味洋葱等五种蔬菜的蔬菜高汤，能让味道变得更香醇。适合加入想品尝蔬菜美味的料理使用，与汤类、意大利面、咖喱等也很合。

煎酒（煎り酒）
150ml　540 日元
从江户时代流传至今的调味料，“煎酒”于今再度受到瞩目。在加热后的日本酒中放入梅醋、柴鱼、昆布高汤等材料熬煮，带有淡淡酸味，味道非常好。可代替酱油搭配生鱼片、烧卖、饺子等，用途多元。

店·铺·资·讯

久原本家 总本店

福冈县糟屋郡久山町大字久原 2527 番地

092-976-3408

10:00 ~ 18:00，1 月 1 日、2 日公休

从福冈机场搭出租车约 20 分钟

www.kayanoya.com

久原本家 茅乃舎 日本桥店

东京都中央区日本桥室町 1 丁目 5 番 5 号コレド室町 3 1 阶

03-6262-3170

10:00 ~ 21:00，公休依照 COREDO 室町 3

从东京 Metro 半藏门线或银座线“三越前站”直达

美和の COLUMN ⑦

茅乃舍直接传授！——使用高汤的正统日式料理食谱

高汤的制作方法

基础高汤

用于味噌汤、汤料理、茶碗蒸、乌龙面、荞麦面等。高汤 1 袋兑水 400ml。先放入水，待沸腾之后再熬煮 1 ～ 2 分钟后即完成。

浓高汤

用于煮物、面线及荞麦面等蘸面露。高汤 2 袋兑水 500ml。先放入水，待沸腾之后再熬煮 1 ～ 2 分钟后即完成。

高汤煎蛋卷

煮出像高级料理店般的丰醇风味！依照个人喜好可加入吻仔鱼或青菜享用。

材料（1 人份）

蛋……4 个
浓高汤……4 大茶匙
淡口酱油……1 小茶匙
味醂……1 小茶匙
油……些许

做法

1. 将蛋打入盆中并打散。
2. 加入浓高汤、淡口酱油、味醂，搅拌均匀后过筛。
3. 在加热后的平底锅淋上一层薄薄的沙拉油，将蛋汁 1 ～ 2 杯缓缓倒入平底锅中，以中火煎。待一半左右的蛋汁凝固后，由里侧向外卷。将卷好的蛋卷移至里侧后再将相同分量的蛋汁缓缓倒入平底锅中，重复前述动作。最后转成小火，边卷起蛋皮边调整蛋卷的形状即成。

炊饭

材料（4 人份）

- 袋装高汤粉 ……1 袋
- 水……2 杯
- 料理酒……2 大茶匙
- 酱油……1 大茶匙
- 香菇……40g
- 鸿禧菇……40g
- 舞茸……40g
- 炸豆皮……2/3 块
- 米……2 杯

做法

1. 将整袋高汤粉倒入料理盆中，再倒入水、酒、酱油，然后搅拌均匀。
2. 放进泡水后去掉根部的香菇、分成小朵的鸿喜菇、舞茸、切成大块的炸豆皮，静置 10 分钟。
3. 将上述材料与米一起放入电子锅中煮熟。

茶碗蒸

虽然带给人不容易料理成功的印象，但其实只要有基础高汤，就能简单完成！

材料（2 人份）

- 蛋……1 个
- 基础高汤……150ml
- 淡口酱油……1 小茶匙
- 虾子……4 只
- 银杏……4 个

做法

1. 将蛋打入料理盆中并打散，加入基础高汤、淡口酱油，均匀混合后过筛。
2. 于容器内放入虾子、银杏后，缓缓倒入步骤 1。
3. 将容器放入已有蒸汽的蒸锅中，只有最开始的时候用强火，之后小火，可避免产生蜂巢状凹洞，蒸 10 分钟即可。
4. 为了配色比较好看，可以在茶碗蒸上撒上茼蒿（照片中使用的是日本特有的“水芹菜”）。

煮萝卜（大根の煮物）

将白萝卜削皮之后，直接放入锅中炖煮，享受食材的浓醇美味。

材料

白萝卜……………………………………1/2 条
基础高汤…………………………………400ml

做法

1. 将白萝卜削皮，切成稍厚的圆柱状，再用基础高汤炖煮。
2. 为防止高汤煮干，需时时注意添加水，边煮边以筷子插插看白萝卜是否已煮软，待软后即成。

店·铺·资·讯

久原本家 茅乃舍“汁や”

茅乃舍旗下的和风料理餐厅，只花 1000 日元左右就能够享受安心安全健康的日式汤品和饭团！使用无添加化学调味料及防腐剂的茅乃舍高汤，想要品尝正统日本高汤的味道，一定要前往唷！也有季节限定料理。

东京都港区赤坂 9-7-4　东京 Midtown GALLERIA B1F
03-3479-0880
11:00 ~ 21:00 (last oder. 20:30)，公休依照东京 Midtown
从都营大江户线 “六本木站” 8 号出口直达

高知县

加用物产 KAYOU BUSSAN

“佃煮川海苔”（川のり佃煮）是能代表四万十（位于高知县西南部）的人气商品，销售至今已逾25个年头，仍然热销。由对川海苔无所不知的专家精心挑选、栽培于四万十川河口养殖地清澈纯净河川中的石莼海苔为主要原料，以黄金比例混合、不做多余加工，加上独创的制作方法，完整保留原料口感、风味的方式，制作出无法仿制的美味。

加用物产生产的佃煮海苔，没有添加一般制作佃煮海苔会添加的色素、化学调味料及防腐剂等，完全保存海苔的原味。第一次尝到时，就有着满满的惊讶及感动，真的从来没有吃过如此美味的佃煮海苔！放入口中的瞬间，海苔的高级香气浓郁地满溢口中，跟普通超市贩售的佃煮海苔完全不一样！

在日本，有许多像我一样着迷于加用物产佃煮川海苔的人，只要尝试过一次，就没办法再吃别的佃煮海苔了。尝第一口，仿佛四万十川的优美风景浮现眼前；第二口，完全能感受到川海苔制作者的努力及对产品的爱情……加用物产的佃煮川海苔，就是这样的绝品！

（译注：佃煮是指以砂糖及酱油烹煮食材，味道甜中带咸且较浓稠。食材多以海产类为主。）

清流四万十川川海苔 佃煮150g（酱油风味）594 日元

清流四万十川川海苔 佃煮 140g（添加青紫苏果实颗粒）594 日元

于四万十川的石莼海苔中，加入口感弹牙爽脆的紫苏果实，每一个步骤都仔细地制作而成。川海苔带有深度的香味，与紫苏果实的口感及清爽滋味，搭配得恰到好处！

四万十川的青海苔粉 6g 345 日元（贩售量依当季采收量而有所不同）

冬天从四万十川中所采取的天然青海苔（高级品种筋青海苔），用清流水洗净之后，为保留海苔完整原味，日晒后磨成细粉。闻过之后一定会感到讶异："青海苔竟然那么香！"就算直接撒在白饭上吃，也很美味。与大阪烧、章鱼烧、纳豆、冷豆腐、炸天妇罗等都很搭。

清流四万十川的石莼海苔 16g 486 日元

仅生长于海水与河川交汇处的汽水水域（译注：意指盐度介于淡水与海水之间的水域）的海苔，具颜色鲜艳、口感纤细、带有香气等特征。烹煮前请先浸泡于水中两三分钟，待膨胀后再稍微以清水洗净，将水沥干即可使用。可用于料理味噌汤、清汤、荞麦面、乌龙面、白粥、醋拌凉菜等。

贩售处

高知县内的公路休息站、名产店、高知机场、高松机场、松山机场的商店、日本全国高级超市、日本全国百货公司、Marugoto 高知等（每家店铺贩售商品各有不同）。

URL：www.aonori.com

四万十川的青海苔

提到能代表清流——四万十川的特产品，就会想到“天然青海苔”。在冷冽西北风袭来的冬季，渔夫们耐着酷寒，将下半身浸泡于寒冷的川水中，手持类似熊手（译注：耙子）的道具捞着河川底部，采取野生的青海苔。于河川沿岸曝晒采集到的青海苔，以阳光曝晒来干燥青海苔的景象，从古至今一直是四万十冬季的特有风情。

晒干青海苔原藻的景象。

石莼海苔渔场。

四万十川流经高知县西部，代表日本的清流，流域面积第二广，仅次于吉野川。有“日本最后的清流”之称。

大阪府

YAMATSU TSUJITA やまつ辻田

古时贩售七味粉的方式，是将每样材料放在个别的容器中，一边询问顾客的喜好一边调制出专属的七味粉。因为说明各项材料的台词十分有趣，所以也成为当时街头表演艺术的一种。

我曾在某个老字号百货公司举办的日本特选美食物产展中，发现明明时间就要开始了，但有间店就连店铺前的暖帘都还没挂上。正以为员工是不是睡过头时，身旁的兼职阿姨就说："那是贩售七味辣椒粉的名店，全国各地都争相贩售它们的商品，所以这次物产展业主拜托它们，7 天的展期中只贩售 4 天也没有关系，这样千拜托万拜托，它们才来的呢。"竟然有这样的店铺！而且听说为了要买这间店铺贩售的七味辣椒粉，竟然得排上 3 个小时！

终于等到他们开始贩售的那天，果然是人山人海！店内所贩售的七味粉，是由留着胡子的店长在大容器中当场调配，山椒、辣椒、青海苔混合出难以言喻的香气……原来，七味辣椒粉的原料有其不同的产季，依照季节有不同的调配方式。而且店家会亲自到每种原料的产地探访，调配中更让每种材料的美味发挥到最大化，YAMATSU TSUJITA 的特级七味粉，就是如此浓缩了制作者及原料生产者制作坚持的绝品！

搭配七味粉，会让料理更加美味，不论是辣度还是风味都能调配得恰到好处，请务必尝试看看这像是被施了魔法的芬芳七味粉。

SHOP 贩售处

日本桥高岛屋、新宿高岛屋、横滨高岛屋、JR 名古屋高岛屋、大阪高岛屋、阪急梅田本店、大丸心斋桥店、SOGO 神户店、博多阪急等，皆贩售于特产区或超市。

URL：www.yamatsu-tsujita.com

来自西高野街道（極上七味西高野街道から）324 日元

加入现今几乎很难入手的日本产辣椒，以及朝仓粉山椒、丹波黑芝麻、实生柚子、特级高知青海苔粉、有机芝麻等，再加上创业 110 年来的独门秘方调和而成，带有顶级香气的七味粉。

柚七味粉 324 日元

加入从种子开始栽种，经过十余年岁月后结成的实生柚子，取柚皮干燥后以石臼磨制而成的柚子粉，以及日本国产辣椒、山椒、高知青海苔粉、黄金芝麻，以独特比例调配而成，是带有浓郁柚子香气的绝品。

朝仓 山椒粉 324 日元

挑选国产山椒中，颜色、辣味、香味都特别出色的品种，以创业延续至今的石臼制法制成的特级山椒粉。建议搭配烤鸡肉串、鳗鱼、炸鸡块等一起享用。

七味粉，古早智慧的结晶

日本从前就有医食同源的观念，会利用各种辛香料、葱、生姜、辣椒等食材，来促进食欲，或医治感冒、帮助消化等。而其中能搭配料理、引出食物美味并增进食欲的食材，被称作“药味”。据说当时有“能不能将中药当成食材来利用呢”的想法，这便是七味粉的发想起源。

七味粉可说是集结日本人智慧的调味料。辣椒能让血液循环顺畅、保持身体温暖；山椒可提升肠胃机能、促进食欲；芝麻的营养价值很高，且可防止老化；柚子富含维他命C，可预防感冒；青海苔含有丰富的维他命及矿物质。七味粉刚被开发出来时，江户地区有吃荞麦面的习惯，因为荞麦面容易使体温降低，而七味粉让血液循环变好，适合搭配享用，瞬间大受欢迎。

大阪府

银岭 ぎんれい GINREI

“银岭”（ぎんれい）白桦 40g 540 日元

广受欢迎的下饭商品——霜降椎茸“银岭”白桦，是将风味醇厚的原木栽种日本国产香菇以文火慢慢炖煮，长时间熟成，以讲究的方式制成的绝品。湿润柔软的口感，加上浓缩的香菇风味，是带有后韵的深厚之味。愈是咀嚼，愈能感受到香菇的美味在口中扩散开来，推荐最适合搭配白饭一起享用！

在美食指南中，经常看到“只要吃过一次就永生难忘”的字句，拿来形容“银岭”白桦，是最适合也不过的！我记得，第一次品尝白桦，是多年前住在大阪的亲戚送来的，那时只是在口中放入一小块碎片，好滋味却立即在口中扩散开来！我永远忘不掉当时吃到“银岭”白桦那瞬间的感觉。至今只要看到“银岭”白桦的图片，我口中就会不自觉地分泌出唾液，这才算是真正的“永生难忘的味道”嘛。如果可以的话，真想将白桦塞满整个行李箱带回家啊！

SHOP 贩售处

阪急梅田本店。
URL：www.hankyu-foods.co.jp

“银岭” 银雪 38g 540 日元

将一口大小的国产香菇以文火慢慢炖煮长时间熟成。虽然一片很小，却可享受一颗香菇分量的风味跟口感，最适合搭配茶或酒一起享用。

“银岭” 黄豆粉黑豆（きなこ黒豆）70g 540 日元

以黄豆粉包覆日本产黑豆制成的商品。带有黄豆香味的特殊口味，甜味朴实温和，让人忍不住一口接一口。

↑ 纪州 石神 精选盐味梅（粒選り梅）
单独包装 5 粒装 1350 日元（※ 阪急限定商品）
将味道醇和的淡盐味梅子，一粒粒个别分装而成，十分适合作为伴手礼（盐分约 8%）。

于贩售“银岭”商品的阪急梅田本店的同一楼层，也有专门贩售精选梅干的卖场“梅味噌庵”，在这边可以找到你喜欢的各种梅干喔。梅干也是日本代表性的配饭食品，有增进食欲、恢复疲劳等效果的梅干，其健康效果也成为讨论的话题，一直都是日本人餐桌上不可或缺的存在。我的奶奶在下田工作的空当儿，一定会吃梅干来补充体力。有些人会为了预防晕车而吃梅干，也有些人会在便当中放入梅干，以期达到预防中暑及杀菌等效果。可能有人因为太咸而不太喜欢梅干，在此我想推荐蜂蜜口味，请品尝看看！

纪州 印南之里梅园（いなみの里梅園）

广受欢迎的人气角色 Hello Kitty 被做成梅干登场！连小朋友都很好入口的蜂蜜口味，是带有甜味的梅干（使用日本产蜂蜜，盐分约 8%）。

↑ **Hello Kitty 纪州南高梅蜂蜜口味**
盒装 20g 324 日元

↑ **Hello Kitty**
纪州南高梅蜂蜜口味
便当盒装 120g
1080 日元

贩售处

阪急梅田本店（商品内容可能会更改）。

PART 04

梦幻逸品伴手礼，即使排队也要抢！

即使大排长龙，也要坚持到最后一刻！让人心心念念、美味无比的极品伴手礼，其实在百货公司就买得到！

relevant to any indus

群马县

GATEAU FESTA HARADA

⬆ 法国面包脆饼（クーデ·デ·ロワ）13 包装 972 日元

⬆ 白巧克力法国面包脆饼（クーデ·デ·ロワ ホワイトチョコレート）10 片装 756 日元 ※ 冬季限定

GATEAU FESTA HARADA 是经常大排长龙的法国面包脆饼（rusk）等超人气西式点心专卖店。香气十足的法国面包搭配上高级奶油，酥脆可口的法国面包脆饼掳获了主妇、OL、年长者等众多顾客的心。当我还在当销售人员的时候，几乎每天都会听到客人“口感酥脆非常好入口”、“是收过的最令人开心的伴手礼”、“也可以当成正餐食用，真是太好了！”等称赞。散步在日本的街道上，还时常看到手拿这个法国国旗纸袋的人呢！冬季限定的白巧克力口味，也受到众多顾客的喜爱喔。

贩售处

新本馆 CHATEAU DU BONHEUR、松屋银座、京王百货店新宿店、东武百货店池袋店、大丸京都店、大丸札幌店、松坂屋上野店、松坂屋名古屋店、阿倍野 HARUKAS 近铁本店、大丸京都店、博多阪急等。

URL：www.gateaufesta-harada.com

东京都

日本桥锦丰琳

将干燥后的牛蒡加入面团，制作成略带麻辣的金平牛蒡风味花林糖，吃起来咔吱咔吱作响的美味口感，让人忍不住一口接一口。日本桥锦丰琳对素材、制法、品质等都有自己的坚持，将每项素材发挥天然美味，用心地制成点心。除了金平牛蒡口味之外，也贩售其他口味花林糖及米果类商品，是购买日式伴手礼的最佳商店。

↑ 金平牛蒡口味（きんぴらごぼう）340 日元

↑ 紫芋口味（むらさきいも）340 日元

贩售处

东京晴空街道、GRANSTA（东京站），IKSPIARI、LUMINE 北千住等（不同店铺贩售商品各有不同）。

URL：www.nishikihorin.com

兵库县

KIT KAT Chocolatory

← KitKat Sublime Raspberry 324 日元

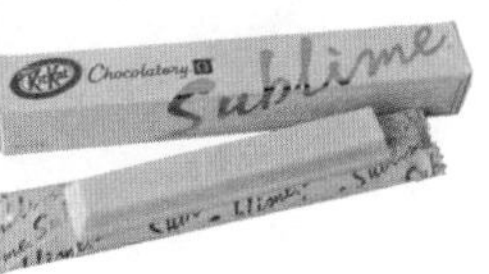

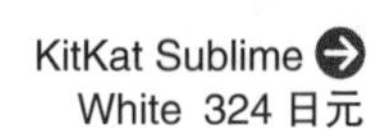

KitKat Sublime → White 324 日元

由“LE PATISSIER TAKAGI”当家甜点师傅高木康政先生监修，世界首家“雀巢KitKat”甜点专卖店。因为贩售特殊点子的“KitKat”商品而受到瞩目，开店一年三个月内已创下 60 万人次的佳绩。在店内可看到许多特别且高级的“KitKat”商品，像是使用含 66% 可可成分的调温苦巧克力的“Sublime Bitter”等。

贩售处

大丸东京店、大丸札幌店、西武池袋本店、松坂屋名古屋店、大丸梅田店、大丸京都店（每种口味每店每日限量 300 个）。

URL：nestle.jp/brand/kit/chocolatory

秋田县

CAFE OHZAN

首创将可颂面包做成脆饼，就是来自秋田的甜点店“CAFE OHZAN”。当日本掀起一股“Rusk”风潮时，CAFE OHZAN 制作出的可颂面包脆饼造型十分可爱，因此成为话题，开设于银座的店面总是大排长龙。

以常规商品的糖霜口味为首，有焦糖、起士、黑胡椒等口味，以及覆满浓厚巧克力，再加上坚果仁、冷冻干燥的草莓干等装饰而成的“Decoration Rusk”等商品，不论外形还是口味都十分讲究。酥脆可口的口感，让人一吃就停不下来。

↑← Decoration Rusk（デコレーションラスク）各 432 日元

→ 银座三越店

↑ 可颂面包脆饼 糖霜口味〔フレーバーラスク（シュガー）〕270 日元

贩售处

银座三越、伊势丹新宿店（仅售套组）。
URL：www.cafe-ohzan.com

大阪府

551 蓬莱

⬆ 猪肉包（豚まん） 4 个装 680 日元

关西地区的超人气名店，创业至今仍坚持在店铺以手工细心制作每项商品，招牌猪肉包据说每天可售出 15 万个之多。初次知道这个商品，是在东京百货公司举办的美食物产展，刚开店时就看到众多顾客直奔 551 蓬莱柜位，直到关店时仍大排长龙。提到关西的伴手礼，一定会想到 551 蓬莱，可说是关西的平民美食，而且猪肉包及烧卖的价钱十分公道！在其他地区也能在各物产展上看到 551 蓬莱的踪迹，相关资讯请前往官方网站的“展销资讯”（催事情报）处确认。

⬆ 烧卖（焼売） 6 个装 390 日元

⬆ 虾仁烧卖（エビ焼売） 12 个装 600 日元

贩售处

戎桥本店、大丸神户店、近铁百货店奈良店、大丸京都店、JR 京都伊势丹、大阪高岛屋、阪急梅田本店、大丸心斋桥店、阿倍野 HARUKAS 近铁本店、大阪国际机场（餐厅）、关西机场（餐厅）等。
URL：www.551horai.co.jp

大阪府

Bâton d'or

在全世界都广受欢迎的“Pocky”制造商“固力果”（Glico）旗下的新形态果子店。

大量使用将奶油融化，去除水分及非乳脂固形物后制成的清澈透明金黄色“澄清奶油”，来增加颜色与风味，制作出 Bâton d'or 才有的独特口感。广受全日本顾客的喜爱，是大阪新的代表性伴手礼。除了常规商品，在不同季节也会推出不同的特殊口味，巧克力棒与饼干棒类型也可能不同，无论何时前往都充满新鲜感。

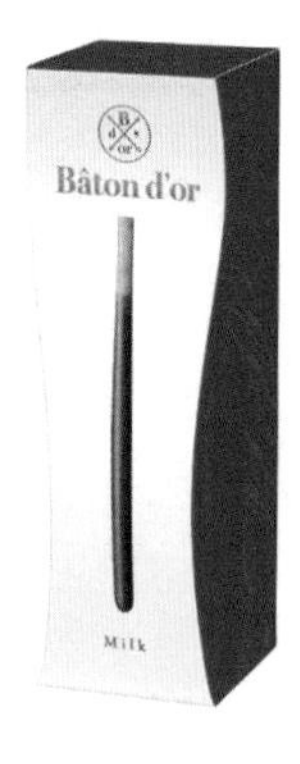

↑ 牛奶口味巧克力棒（ミルク）501 日元

↑ 草莓口味巧克力棒（ストロベリー）501 日元

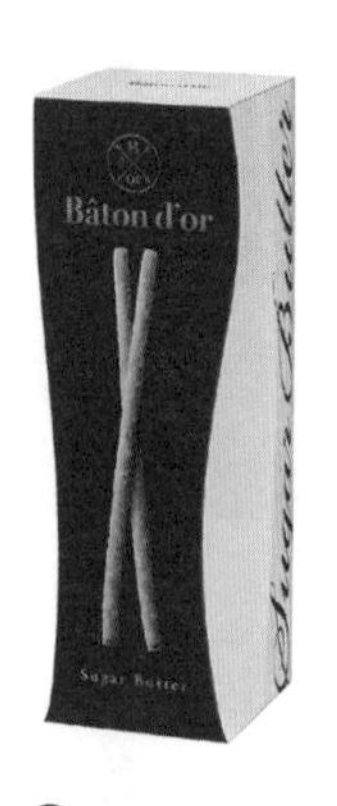

↑ 糖霜奶油口味饼干棒（シュガーバター）501 日元

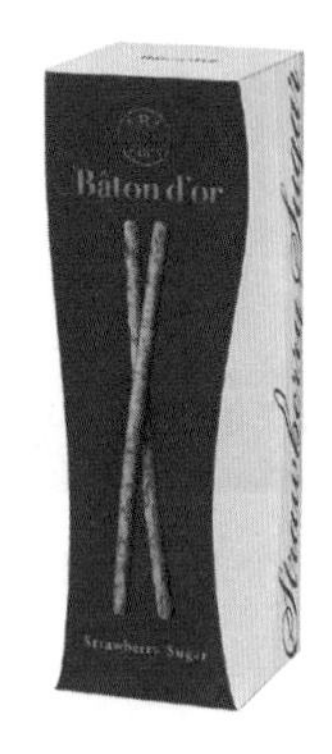

↑ 糖霜草莓口味饼干棒（ストロベリーシュガー）501 日元

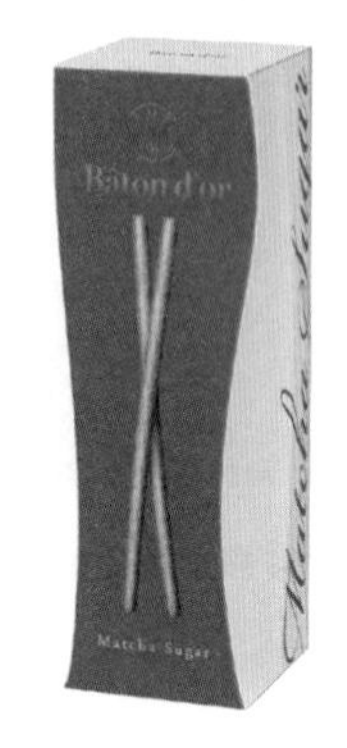

↑ 糖霜抹茶口味饼干棒（抹茶シュガー）501 日元

← Bâton d'or 阪急梅田本店

贩售处

阪急梅田本店、大阪高岛屋、京都高岛屋。

URL：www.glico.co.jp/batondor

大阪府

GRAND Calbee

"GRAND Calbee"是由生产"薯条三兄弟"、"加卡比"（Jagabee）等，超人气点心的日本代表零食制造商"Calbee"所经营的店铺。这里所贩售的洋芋片厚度，为市面上其他洋芋片的3倍，口感酥脆扎实，掳获众多消费者的心。在不断口耳相传之下，开店前就排满了长长的人龙，据说最久甚至需要排上5个小时！

推荐使用法国洛林岩盐的"盐口味"、味道浓厚附有酸味的"番茄口味"、使用北海道产奶油风味芳醇的"浓厚奶油口味"等，店家更陆续研发出各种诱人的新口味，是连大人也会喜欢的超人气伴手礼。

盐口味
（しお味）
60g 540日元

番茄口味
（トマト味）
60g 540日元

浓厚奶油口味
（浓厚バター味）
60g 540日元

※ 依季节贩售不同商品。

贩售处

阪急梅田本店。

URL：www.calbee.co.jp/grandcalbee

PART 05

适合大家的伴手礼

每次来到日本，挑选伴手礼是不是让你伤透了脑筋呢？“他会喜欢这个礼物吗？”“爷爷奶奶可以吃这个吗？”“送给同事的伴手礼该挑些什么才好呢？”……别担心！这里依据不同的对象、用途挑选了各种不同特色的伴手礼，让送礼者、收礼者都开心！

超萌御土产，集合！

日本人从一百多年前，就已经非常重视造型的“KAWAII”。这里要介绍可爱到让你舍不得吃的甜点，带你前往日本的超萌世界！

东京都

CANDY SHOW TIME

想知道糖果是怎么制作出来的吗？快来这里！踏入 CANDY SHOW TIME 的店铺内，仿佛进入了梦的世界一般，形形色色的糖果正招手欢迎你！这里就像是糖果的主题公园，让你边挑选送给好朋友的伴手礼，边目不转睛地观赏充满笑容的师傅亲自制作色彩缤纷的糖果，就像是魔术般让人目眩神迷！

CANDY SHOW TIME 的糖果每种造型都很独特，在其他的糖果店，偶尔会看到不太明白想要呈现什么图案的造型糖果，但这里的糖果质感完全不同，非常精致！而且香气十足，每一粒糖果都能让你感受到不同的个性，收到这样的伴手礼一定让人十分开心呢！

↑ CANDY SHOW TIME MIX 460 日元
综合 8 种独创的可爱糖果组合，绝对值得购买的基本商品！

↑ 樱桃小丸子 MIX
（ちびまる子ちゃん MIX） 560 日元
收到樱桃小丸子中的人物图形的糖果，一定会很开心的喔！

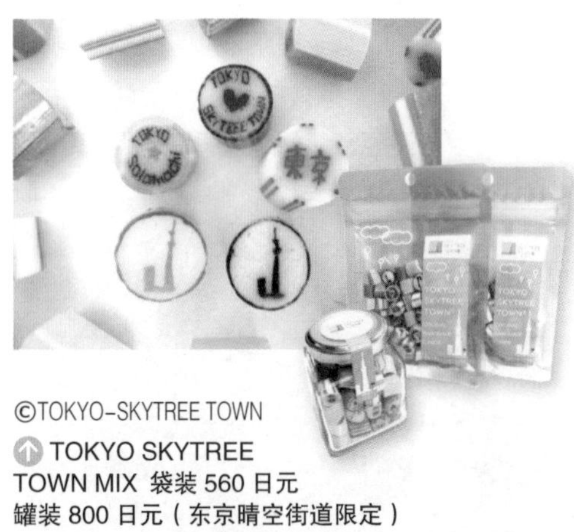

©TOKYO-SKYTREE TOWN

⇧ TOKYO SKYTREE TOWN MIX 袋装 560 日元 罐装 800 日元（东京晴空街道限定）

以东京地区的象征“东京晴空塔®”为图形的糖果，适合当成东京的伴手礼！

⇧ 东京晴空街道店中正在制作糖果的师傅们。

贩售处

东京晴空街道、涩谷站东急东横店、名古屋荣地下街（サカエチカ）等。

©1976, 2015 SANRIO CO.,LTD. APPROVAL No.G553351

⇧ Hello Kitty MIX（ハローキティ MIX）560 日元

全世界的偶像——Hello Kitty 的圆形糖果，当成糖果来吃似乎有点太可惜了！

店·铺·资·讯

CANDY SHOW TIME 表参道本店

- 东京都涩谷区神宫前 6-31-15
- 03-6418-5334
- 11:00 ~ 20:00，无公休
- 从东京 Metro 地铁千代田线・副都心线“明治神宫前站”步行 3 分钟
- candy-showtime.com

爱知县

桂新堂

日本童话（日本の童話）3 包装　各 648 日元（每月 1 日贩售，限量商品）

每月推出不同的商品，将日本的童话做成可爱的虾煎饼！装成3袋来表现故事的内容。左图为《辉夜姬》，右图为《开花爷爷》。

桂新堂所生产的虾煎饼，与其说是“商品”，不如说它是“作品”更为贴切。不只对虾子的口味和品质了若指掌，桂新堂对于煎饼的外观也非常讲究，随着季节转变，更推出各种不同设计的华美虾煎饼，让人忍不住“哇”的一声大赞可爱，更可称为虾煎饼中的艺术品！光是看着虾煎饼上的图案，仿佛被带往童话中的世界，让人觉得很幸福。穿着和服的店员们，加上如艺术品般的虾煎饼，桂新堂可说是充满着日本款待之心及纤细工匠技巧的完美店铺。

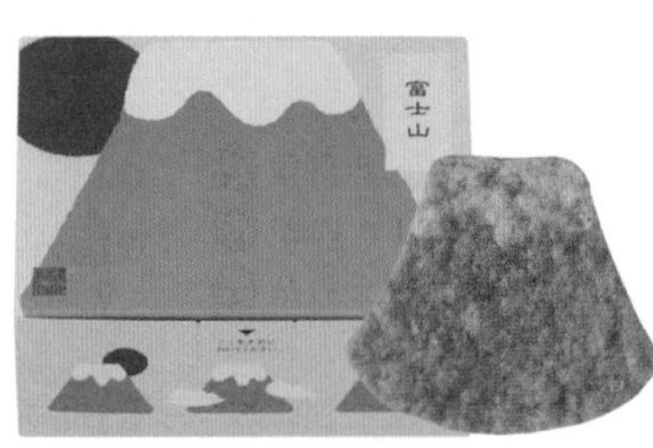

大和（おおきい和）5 片装　各 604 日元

左图为“不倒翁”，右图为“富士山”。

季节性点心（季節のお菓子）11 包装 各 1620 日元
以日本四季为主题的限定虾煎饼。每片上面都描绘着日本风物诗。由左上顺时针方向为“樱之颂”、“秋之颂”、“夏之祭”、“冬之和”。

SHOP 贩售处

KITTE（东京站）、西武池袋本店、松坂屋上野店、日本桥高岛屋、横滨高岛屋、成田机场、羽田机场、松坂屋名古屋店、中部国际机场、阪神梅田本店、阪急梅田本店、大丸心斋桥店、大阪高岛屋、大丸神户店、博多阪急等。

店·铺·资·讯

桂新堂 本店

爱知县名古屋市热田区金山町 1-5-4

10:00 ~ 19:00，无公休

从 JR、名铁、名古屋市营地铁线“金山站”南口步行 1 分钟

www.keishindo.co.jp

兵库县

一番馆

创业于1971年神户元町的名店“一番馆”，将招牌商品装入时尚苹果造型容器的“POMME D’AMOUR SKELETON”，是十分受欢迎的伴手礼，略带苦味的巧克力与苹果的酸甜滋味，在口中取得绝妙的平衡！以大吉岭茶叶粉制成的红茶口味也值得推荐。POMME D’AMOUR在法文中，是“爱情苹果”的意思，当成礼物送给喜欢的人如何？

POMME D’AMOUR SKELETON（ポーム・ダムール スケルトン）1350日元

POMME D’AMOUR SKELETON（ポーム・ダムール スケルトン，紅茶）1458日元

贩售处

一番馆本店、新神户站“Entrée Marché”、SOGO神户店、日本桥高岛屋、京王百货店新宿店、横滨高岛屋等。

URL：www.ichibankan.co.jp

爱知县

浪越轩

源于爱知县名古屋的和果子店“浪越轩”，发想出如此可爱的甜点，让人惊呼连连！一口大小的馒头，内馅甜度控制得刚刚好，一组有12种不同动物造型的馒头，可爱的外形让心情瞬间得到疗癒。

手作动物园（てづくりどうぶつえん）1782日元

贩售处

ecute上野。

URL：www.namikoshiken.co.jp

京都府

floresta

动物甜甜圈（どうぶつドーナツ）
1个230日元起

源自关西地区，甜甜圈专卖店floresta制作的“动物甜甜圈”，情不自禁想对着它说话的可爱造型，让人简直舍不得咬下去！floresta贩售的甜甜圈，为了让大家都可以安心食用，尽可能选择不含添加物的原料，对身体较无负担，并且一个一个仔细地以手工制作，不论是大人还是小朋友都十分喜爱，请把它们统统带回家吧！

SHOP 贩售处

floresta本轮果本店（京都）、高円寺店（东京）、镰仓店（神奈川）、堀江店（大阪）等。
URL：www.nature-doughnuts.jp

大阪府

太郎FOODS

大阪名物的那个“食倒太郎”竟然做成布丁了！打开可爱的包装盒，可看见3顶逗趣的帽子，里面就是美味的布丁，这就是大阪所特有的玩心！搭配由香甜焦糖酱与略带苦味的焦糖粉组成的“双重酱汁”布丁，滑嫩顺口的正统好滋味颇受好评。

贩售处

关西国际机场、大阪国际机场、新大阪站“Entrée Marché”、道顿堀附近的特产品商店等。
URL：www.tarofoods.com

食倒太郎布丁（くいだおれ太郎プリン）
3个装　1150日元

北海道

长谷制果

北海道　俄罗斯娃娃（Hokkaido マトリョーシカ）5 个装 648 日元

贩售处

新千岁机场、丹顶钏路机场、羽田机场、纪ノ国屋超市等。
URL：www.hase-seika.co.jp

由北海道摩周湖山麓下的甜点工厂，制作出惹人怜爱的俄罗斯娃娃，外形十分轻巧可爱。以起士风味的海绵蛋糕，包覆仅北海道才有的“蓝靛果忍冬”果实所制作而成的果酱内馅，外层再裹上一层白巧克力，多层次的设计让口感一层一层产生变化，就像是俄罗斯娃娃一般，让人惊喜连连。除此之外，包装上的俄罗斯娃娃，也会随着季节及气氛而改变设计，娃娃手中持有的物品也会有所不同，请务必当成珍藏的伴手礼唷！

北海道　俄罗斯娃娃草莓口味（Hokkaido マトリョーシカいちご味）

传统的可爱馒头

日本人从一百多年前，就已经开始重视商品的可爱度！这些历史悠久的可爱馒头，你舍得吃下肚吗？

东京都

TOKYO HIYOKO 東京ひよ子

名果 HIYOKO（名菓ひよ子）
9 个装 1080 日元

贩售处

羽田机场（国际线、国内线）等。
URL：www.tokyo-hiyoko.co.jp

1912 年以“想制造让大家开心的新甜点”的想法开发的“名果 HIYOKO”，充满香气柔软的外皮包覆着入口即融、不会太甜的黄味馅，造型可爱又幽默。从诞生至今已达 100 年以上的历史，现在已成为能代表日本的伴手礼，是广受大家喜爱的厉害小鸡！

岛根县

中浦食品株式会社

捞泥鳅舞馒头（どじょう掬いまんじゅう）
8 个装 648 日元

中浦食品推出的“捞泥鳅舞馒头”，是以搭配岛根县民谣“安来节”跳着“捞泥鳅舞”的火男（ひょっとこ）面具为设计主题，充满香气的外皮包覆湿润内馅的美味馒头，是能带给每个人笑容的可爱伴手礼。

贩售处

米子机场、出云机场、松江站等主要观光名产店等。
URL：www.nakaura-f.co.jp

爱知县

青柳总本家

青蛙馒头（カエルまんじゅう）6 个装 540 日元

看起来好像会发出呱呱叫声的名古屋名产“青蛙馒头”！日文中的“青蛙”发音（kaeru）与“归来”的发音相同，代表能从旅行当中平安归来，也有“幸福能回到身边”的意思，非常吉利！

贩售处

ESCA 地下街（名古屋站新干线侧）、新特丽亚中部国际机场、县营名古屋机场等。
URL：www.aoyagiuirou.co.jp

鸟取县

寿制果株式会社

因幡的白兔（因幡の白うさぎ）8个装 1080日元

日本神话“因幡的白兔”中，牵起出云大社神明姻缘的可爱白兔。将带来“缘分”的白兔当成旅行的伴手礼，说不定会发生什么好事喔！

贩售处

山阴地区主要百货公司、名产店等。
URL：www.shirousagi-goen.com

熊猫天国@东京·上野

熊猫的热潮持续延烧！在动物园所在地的东京上野，能看到各式各样可爱到不忍心入口的熊猫甜点。想要购买熊猫伴手礼，请跟我们往上野出发！

东京都

松坂屋上野店

竹隆庵冈野 铜锣烧（とらが焼）（樱花熊猫）1 个 220 日元 / 5 个一盒 1350 日元
使用严选的素材，仔细烧烤制成带有虎斑花纹的铜锣烧，于松软的外皮中夹进满满的馅料。

从聚集各地观光客的“上野阿美横町”步行一会儿，就可抵达长年受居民喜爱的老字号百货公司“松坂屋上野店”。这里有个拥有超人气的吉祥物“樱花熊猫”（さくらパンダ），连身上的花纹都是樱花的形状，真是可爱到不行！打着由樱花熊猫亲自提供 SNS 服务，发送讯息来招揽百货公司的顾客，松坂屋上野店的樱花熊猫因此受到瞩目，2011 年时更挺身而出，召集全国的熊猫吉祥物一同举办“熊猫高峰会”，希望能够带给全日本小孩子满满的朝气。

樱花熊猫紧紧抓住全日本女孩与男孩的心，成为备受宠爱的吉祥物。在松坂屋上野店本馆 1 楼的和洋果子卖场等处，也可买到樱花熊猫相关的商品喔。今后樱花熊猫会有怎样的活跃表现呢？让人十分期待！

坂角总本铺 ➡

虾煎饼— Yukari（ゆかり）8 片装 ×2 包 1382 日元

将新鲜的虾子细心烤制成香气十足的美味虾煎饼。可爱的樱花熊猫包装，只能在松坂屋上野店买到喔！

⬅ **泉屋**

樱花熊猫 cup in（さくらパンダカップイン）23 片装 1296 日元

内含上头绘制着樱花熊猫的饼干，以及 ring torte（リングターツ）等各种泉屋人气综合饼干。

姓名：樱花熊猫（さくらパンダ）
出生地：东京・上野
（充满森林与大自然的地方）
性别：秘密
兴趣：旅行、吃东西、与人交流等等
官方网站：sakura-panda.com

松坂屋上野店

- 东京都台东区上野 3 丁目 29 番 5 号
- 03-3832-1111
- 10:00 ~ 20:00
- 从 JR“御徒町站”步行约 2 分钟
- www.matsuzakaya.co.jp/ueno

东京都

ecute 上野

colombin 熊猫蛋糕卷（パンダパンダ・ロール）
1388 日元
浓厚的巧克力奶油与牛奶风味的生奶油构成熊猫的脸的图案。不管从蛋糕卷的哪边开始切，断面都可以看到熊猫的图案呢！

siretoco factory siretoco donut（シレトコドーナツ）人气 best ☆ 5 个 1 组
1680 日元
小熊猫的脸从甜甜圈中偷偷露出来，是不是很可爱？集合最受欢迎的 5 种口味的组合，绝对不能错过！

位于上野车站内的 ecute 上野，贩售许多让人情不自禁想尖叫的熊猫甜点及熊猫商品。ecute 上野的营业时间比起其他百货公司来得长，再加上可以在车站内一次将东西买完，要安排旅行中的购物行程也很方便喔！

danish Panda danish Panda box（デニッシュパンダボックス）5 个装　900 日元
提供贩售现烤丹麦面包的 ecute 上野限定店铺。现烤的丹麦面包口感酥脆，最适合在公园一边看风景一边享用。店内贩售的季节限定商品也很推荐喔。

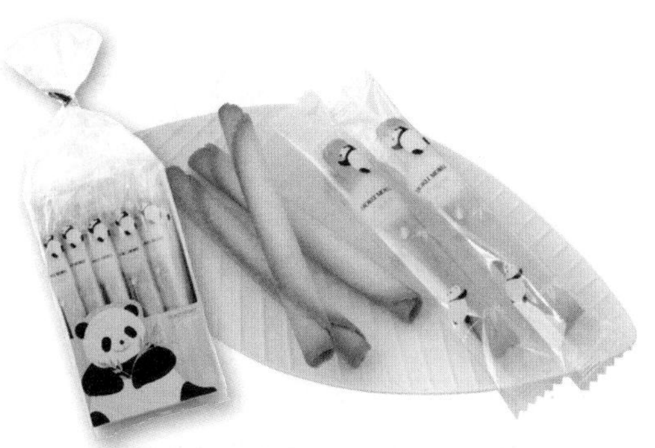

JUCHHEIM（ユーハイム）
上野 assorted cookies 1296 日元
内含印上 ecute 上野的原创熊猫吉祥物“小上”（うえきゃん）等 5 种不同饼干的组合，让人苦恼不知道该先吃哪一个才好！

Yoku Moku（ヨックモック）
雪茄蛋卷（シガール，熊猫包装）10 个装
将招牌商品的雪茄蛋卷加上可爱的熊猫包装，是不是舍不得拆开呢？

Quatre **熊猫布丁（パンダプリンアラモード）494 日元**
上野车站限定商品，使用奥久慈蛋制作的浓厚口味布丁，搭配略带苦味的黑糖焦糖，再加上白巧克力慕斯的熊猫装饰，请于购买当日享用喔。

店·铺·资·讯

ecute 上野

JR 东日本上野站站内 3 楼
※ 可从公园验票闸门或入谷验票闸门进入

03-5826-5600

08:00 ~ 22:00（周五 ~ 22:30、周日 & 假日 ~ 21:00，部分店铺不同）

www.ecute.jp/ueno

给长辈的御土产

去国外旅游最困难的事，可能就是挑选送给长辈的伴手礼了吧？放心，这里就要介绍让爷爷奶奶开心的土产，都是深受日本银发族欢迎，而且容易消化的传统食品，请放心带回家！

石川县

加贺麸不室屋

细工麸 小细工（こざいく）270 日元

细工麸 小红花（こばな 赤）270 日元

在金泽有间持续 150 年生产加贺麸的老字号店铺，名为“加贺不室屋”。传承传统的制作方式、味道及技术，研发制作出各种麸制品，其中外观缤纷的“细工麸”，是非常受欢迎的伴手礼。只是把细工麸放进汤中，就能让整道料理看起来像是开满了绚丽的小花朵一般，是日本职人才能创造出的美感。食欲不振的爷爷、奶奶们，如果看到料理中放进如此可爱的麸制品，说不定也会胃口大开喔！据说麸可帮助消化，脂肪含量低且拥有高蛋白质，对身体很好。

贩售处

西武池袋本店、日本桥高岛屋、新宿高岛屋、横滨高岛屋、大丸京都店、大丸心斋桥店、阪急梅田本店、大阪高岛屋、大丸神户店等（不同店铺商品各有不同）。

此外，“日式清汤 宝麸”（ふやき御汁 宝の麩）也是由老字号不室屋所发想，是连眼睛也能享受的绝品。据说最初是为了让留学海外的子女们能轻松地吃到日本家乡的味道，而开始研发设计的商品。只要将最中饼皮打个洞，倒入热水后，加贺优雅华丽的四季风情立即在碗中展现。

↑ 加贺味噌（内含花麸、葱、手削昆布片的味噌汤）206 日元

↑ 皙（内含花麸、菠菜、手削昆布片的清汤）206 日元

加贺麸不室屋本店

石川县金泽市尾张町 2 丁目 3 番 1 号

076-221-1377

09:30 ~ 18:30，过年期间公休

从 JR “金泽站” 搭北陆铁道巴士（往东部车库 桥场町经由）“尾张町站” 下车步行 3 分钟

www.fumuroya.co.jp /fumuroya

长崎县

福砂屋

长崎在地的长崎蛋糕特征之一，是搅拌面团时尚未融化的砂糖颗粒会残留，因此底部有粗砂糖粒，口感特殊。福砂屋只使用鸡蛋、小麦粉、砂糖、麦芽糖等简单的材料，不使用任何添加物，是赠送长辈的好选择。

贩售处

日本主要都市百货公司。

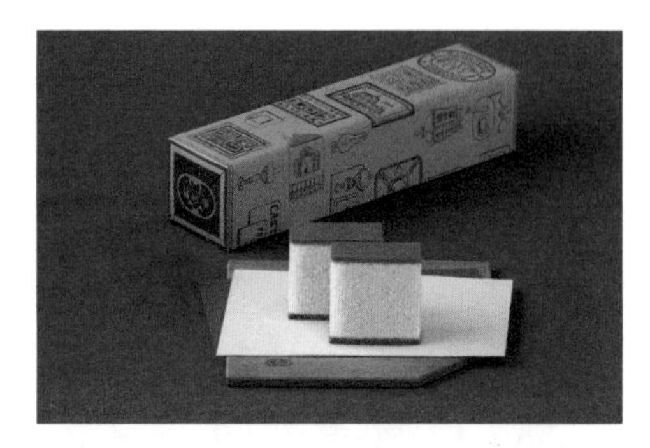

小切 0.6 号 1 条 1188 日元

大阪府

善祥庵

家庭用 黑豆 柔软（やわら）70g 648 日元

家庭用 黑豆 蜜渍（ふくみ）85g 648 日元

日本全国知名的丹波黑豆，不仅颗粒大、味道佳，而且营养丰富，非常适合送给爷爷奶奶当作礼物。位于大阪今里的黑豆专卖店“善祥庵”，就贩售各种适合作为伴手礼的究极黑豆甜点，以独特的制作方法引出黑豆本身的美味，并制成容易食用的形式。其中，“柔软”的制作方式是仔细地蜜渍后再加以干燥，成品甜度适中且口感较软。“蜜渍”则是让蜜深入渗透进中心，成品口感较湿润且 Q 弹有嚼劲。都是对黑豆知识知晓通透的善祥庵才制作得出来的自信之作。

贩售处

阿倍野 HARUKAS 近铁本店，isetan Food Hall LUCUA 1100（大阪）。
URL：zenshoan.jp

东京都

荣太楼总本铺

荣太楼饴 4 罐装（黑飴、梅ぼ志飴、紅茶飴、抹茶飴）1664 日元

黑饴

抹茶饴

“荣太楼总本铺”本店坐落于日本桥，是创业至今已150余年的江户果子铺。其所贩售的糖果，受到全国年长者顾客们的绝大支持，可说是超级畅销商品呢！黑饴是以冲绳产的黑糖制作，加上略带点桂皮粉末的朴实味道，送礼自用两相宜。其他还有像传承江户时期制法的“梅ぼ志飴”，以及使用风味丰醇的日本产抹茶制成的古早味“抹茶飴”等，含入口中就能感受到从江户时期延续至今的深奥美味。

SHOP 贩售处

日本桥本店、大丸东京店、涩谷站东急东横店、日本桥高岛屋、横滨高岛屋等。
URL：www.eitaro.com

爱知县

尾张 松风屋

本公司设置于名古屋的煎饼老店“尾张松风屋”，将新鲜山珍海味的精华滋味封锁于薄烤煎饼之中，人气商品“综合海鲜煎饼”（味好み）系列广受年长者喜爱！以“重新发现来自大自然的赠礼”为主题，将大自然的美味及香气细心地融入煎饼，每袋都有 8 种不同的口味。除此之外，包装内的蔬菜片更保持原本的模样，除了可享受食材原本的风味，也能有缤纷的视觉感受！如果是自己在家里想要吃的话，可于百货公司购买家庭号经济包装“味煎”。

综合海鲜煎饼 山之幸（味好み山の幸）1080 日元

贩售处

日本主要都市百货公司。

URL：www.matsukazeya.co.jp

东京都

浅草 MUGITORO 浅草むぎとろ

↑ 浅草 MUGITORO 山药花林糖（とろりんとう）、湿麻糬（三代目）各 540 日元

在第 88 页也介绍了这间使用山药泥制作怀石料理的“浅草 MUGITORO”。这间老字号也将自豪的山药泥制作成各式点心果子，深受年长顾客们的喜爱。可同时享受冲绳产黑糖与山药泥绵密口感的花林糖“山药花林糖”（とろりんとう），带有湿润又松软的口感，一入口就停不下。特别介绍的湿麻糬（三代目），是使用高级的糯米加上山药泥制成，吃起来既柔软又湿润，像是麻糬一般，是别的地方吃不到的口感。在许多百货公司皆有贩售浅草 MUGITORO 的商品，非常推荐当成伴手礼喔。

贩售处

涩谷东急东横店、日本桥高岛屋、SOGO 横滨店等（皆非常设店）。
URL：www.mugitoro.co.jp

送给不嗜甜者的伴手礼

许多人可能对日本食品的甜度大感吃不消，加上最近为了健康，不吃甜的人数也逐渐增加。这里就要介绍在日本很受欢迎、低甜度的名产！

爱知县

坂角总本铺

在全国的百货公司都设有店铺，创业已逾 120 个年头的虾煎饼老字号。以江户时期一直流传至今的传统及技术，将新鲜虾子精心烧烤，制成飘散浓郁香气的虾煎饼，只要咬下一口，虾子的香气立即在口中扩散开来，是送给不喜欢甜食的人的最佳选择。

Yukari（ゆかり）
12 片装 1080 日元

贩售处

大丸札幌店、大丸东京店、涩谷站东急东横店、西武池袋本店、松坂屋上野店、横滨高岛屋、松坂屋名古屋店、大丸京都店、阿倍野HARUKAS 近铁本店、成田机场、羽田机场、中部国际机场、关西国际机场、福冈机场等。
URL：www.bankaku.co.jp

群马县

GATEAU FESTA HARADA

GOUTER de ROI Sommelier 15 片装 972 日元

由在第 106 页处也介绍过的排队名店所制作的“GOUTER de ROI Sommelier”。以“适合搭配红酒”为制作概念的前菜脆饼。使用意大利产起士、牛肝菌、洋葱酥及罗勒等香料，制作出前所未有的奢侈法国面包脆饼。

贩售处

大丸札幌店、松屋银座、京王百货店新宿店、东武百货店池袋店、松坂屋上野店、松坂屋名古屋店、阿倍野 HARUKAS 近铁本店、大丸京都店、博多阪急等。

URL：www.gateaufesta-harada.com

北海道

志浓里

卡芒贝尔起士蛋糕
（カマンベールチーズケーキ）594 日元

坚持使用北海道产原料所制作的卡芒贝尔起士蛋糕，大量降低甜味，属于较不甜的蛋糕。湿润的口感中能尝到浓厚的起士风味，就算是当成正餐食用也不觉得腻。如果旅途中刚好遇到北海道物产展，即使排队也请务必尝试看看。

贩售处

函馆机场、函馆市内名产店、北海道内名产店、北海道特产品店等。

URL：www.ss-showa.com

神奈川县

镰仓 LESANGES

法式小咸点
（プティ·フール·サレ）
1512 日元

混合使用湘南镰仓产与法国盖朗德产的盐，所制作而成的镰仓 LESANGES 独创盐味饼干，着重于盐巴与少许砂糖间的完美比例，高雅的咸味搭配香草、番茄、起士等材料，口感松软且余味无穷。以法式古董盒为构想的外包装也非常漂亮。

贩售处

镰仓 LESANGES 店铺、横滨高岛屋。

URL：www.lesanges.co.jp

岩手县

芽吹屋 芽吹き屋

↑ “谷”Cookie 小米 榛果口味（きび ヘーゼルナッツ）648 日元

↑ “谷”Cookie 稗 芝麻口味（ひえ 胡麻）648 日元

由制造贩售谷类的粉类制品、生果子（冷冻和果子）的制造商所制作的饼干。大量使用生长于大自然的小米、粟米、稗等原料，保留其口感且不添加过多的糖分，是只有对谷类了若指掌的芽吹屋才能制作的饼干。因为只使用天然的材料制作，对身体不会造成负担，谷物颗粒在口中弹跳的口感，充满岩手的大自然风味，让人一吃就上瘾。

贩售处

芽吹屋直营店、花卷机场、JR 盛冈站、JR 新花卷站、岩手银河 PLAZA 等。
URL：www.mebukiya.co.jp

岩手县

小岩井农场

小岩井农场大人的饼干（小岩井農場大人のクッキー）起士＆黑胡椒口味、起士＆罗勒口味

小岩井农场起士棒（小岩井農場チーズスティック）原味、洋葱味、辣味

将浓厚风味的“奶油起士”、丰醇的“发酵奶油”，以及愈嚼愈香的岩手县产面粉等，加入啤酒后搅拌均匀，以独特做法烧烤制成的起士棒。

使用小岩井农场传统发酵奶油所制成的酥脆减糖饼干。热销产品中，有使用浓厚香醇的帕马森干酪，加上带有刺激性口感的黑胡椒，谱出强烈的“起士＆黑胡椒口味”；或以帕马森干酪加上罗勒的清爽香气，组成温和的“起士＆罗勒口味”。可作为搭配各种酒类的点心享用。

贩售处

小岩井农场牧场园内店、岩手银河PLAZA、花卷机场、JR盛冈站名产店等。
URL：www.koiwai.co.jp

岩手县

佐佐木制果 佐々木製菓

佐佐木的南部煎饼
花生口味（ピーナッツ）
14 片装 356 日元

佐佐木的南部煎饼
芝麻口味（ごま）
14 片装 356 日元

“南部煎饼”可说是岩手县伴手礼的代名词。佐佐木制果以单纯的原料，呈现出简单却耐吃的口味，愈嚼愈香的芝麻及花生甜味在口中扩散开来，不论是小朋友还是长辈都能开心享用。佐佐木制果的南部煎饼曾在全国果子大博览会上荣获金奖殊荣，百货公司的各地铭果专区等处都有贩售，请务必买来吃吃看。

贩售处

岩手银河 PLAZA、花卷机场、仙台机场等。

500 日元硬币价！送给同事的伴手礼

想让同事品尝便宜又好吃的日本名产吗？在百货公司，也有只要一枚硬币就能放肆购买的伴手礼，尽情为同事们大方采购吧！

大阪府

柿种厨房 かきたねキッチン

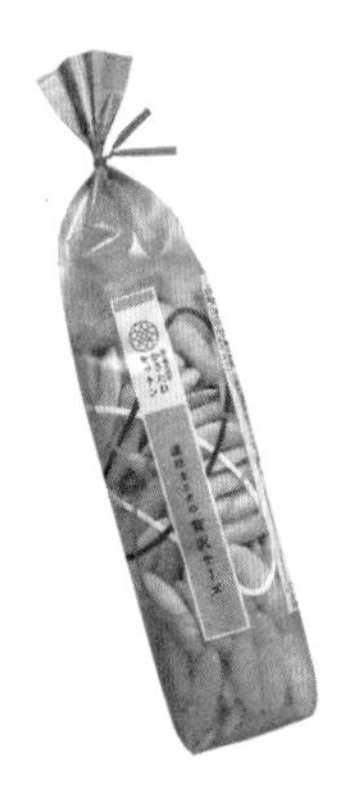

浓厚奢侈起士口味（濃厚なコクの贅沢チーズ）
115g 378 日元

绝妙滋味照烧美乃滋口味（絶妙あま旨 てりやきマヨネーズ）
115g 378 日元

安昙野产的芥末与酱油混合口味（安曇野産のわさびと醤油合わせ）
115g 378 日元

“柿种厨房”是将广受欢迎的柿种米果，制作成各式口味的专卖店，前所未见的惊奇口味陆续登场！除此之外，也有与知名品牌合作的商品，以及限定期间贩卖的口味。不管是哪种口味都紧紧抓住消费者的心，让人忍不住想要抓一点吃看看。一枚硬币（500 日元）就可以买到的袋装包装，共有 10 种以上的口味，照烧美乃滋、芥末酱油……是不是每种都想试试看？

贩售处

大丸札幌店、日本桥高岛屋、ecute 上野店、横滨高岛屋、JR 名古屋高岛屋、大阪高岛屋、博多阪急等。

URL：www.toyosu.co.jp/kakitanekitchen

东京都

麻布十番 扬饼屋 あげもち屋

麻布炸麻糬（麻布あげ餅）酱油口味 399 日元
炸得酥脆的麻糬香味四溢，再加上秘传的酱油沾酱，是扬饼屋的代表商品。

金平牛蒡 炸麻糬（きんぴらごぼう あげ餅）432 日元
炸麻糬佐以牛蒡的风味，再加上麻辣的唐辛子，香气四溢。

圆形炸麻糬 咸甜酱油味（小丸あげ餅 甘辛醤油）334 日元
做成圆形的可爱炸麻糬，以风味丰醇的咸甜酱油调味制成。

将一口大小的麻糬炸得酥脆的炸麻糬专卖店，口味种类十分丰富。在店内也可以自由试吃各式商品，常规商品的盐口味及酱油口味十分经典，也有像是奶油培根意大利面口味、蒜味辣椒意大利面口味等，融合了日式及西式的特殊口味，十分有趣。外包装色彩丰富，是十分讨喜的伴手礼。

贩售处

西武池袋本店、涩谷站东急东横店、松坂屋名古屋店、大丸东京店、松坂屋上野店、羽田机场等。
URL：www.agemochiya.com

京都府

OTABE おたべ

kotabe（こたべ）夏季—红豆沙馅口味（こしあん）5 个装 各 378 日元

OTABE 将京都伴手礼代名词的生八桥，缩小至小巧可爱的一口尺寸，并分装成小包装。常规的口味有肉桂、抹茶、栗金团、黑豆等，依照季节也会推出各种限量口味。一年当中会随季节更换设计的外包装，想着“这次会遇到哪一种设计的外包装呢”，也成为到京都旅游的乐趣之一。

贩售处

OTABE 本馆、京都车站等。
URL：www.otabe.jp

东京都

赤坂柿山

和风包装（みずほづつみ）小爱心 甘盐虾味（プチハート えびしお）108 日元

御欠名店“赤坂柿山”所贩售的随手包霰饼点心，有爱心形状的虾煎饼、加入杏仁与黄豆等的煎饼、一袋内有 5 种口味的五味煎饼等，种类丰富。只花 108 日元就能享受道地的日本御欠风味，快带给同事品尝吧！

贩售处

日本桥高岛屋、银座三越、伊势丹新宿店、新宿高岛屋、西武池袋本店、涩谷站东急东横店、松坂屋上野店、横滨高岛屋、JR 京都伊势丹等（每家店铺贩售商品各有不同）。

和风包装（みずほづつみ）五味 幸福（五ツ味 さきわい）173 日元

东京都

Sugar Butter Tree シュガーバターの木

Sugar Butter Sand Tree
（シュガーバターサンドの木）
5 个装 349 日元

Sugar Butter Sand Tree 以精选 6 种谷物混合制成的面团为底，加上糖霜奶油烤制而成，松脆的口感与浓郁的牛奶风味白巧克力简直是绝配！连外包装的盒子都经过特别设计，让饼干方便携带、不易破碎，如此贴心的设计让人十分感动。

SHOP 贩售处

JR 上野站（中央验票闸门外）、JR 东海东京站（砂之时计台）、阪急梅田本店、博多阪急等。
URL：www.sugarbuttertree.jp

东京都

BERNE

千层酥（ミルフィユ）3 条装 302 日元

BERNE 可说是贩售千层酥伴手礼的创始商店。在烤得香气十足的 3 层派饼中，夹入 3 种奶油夹心，外层再以微甜的巧克力包裹，可选择榛果、香浓牛奶、甜味 3 种口味。除了只花一个铜板就能买到的 3 条包装（有着粉色花朵的可爱包装）之外，也有其他多种综合包装可供选择。

贩售处

银座三越、大丸东京店、新宿高岛屋、横滨高岛屋、羽田机场、成田机场等。

爱知县

坂角总本铺

⬆ **松脆日记（さくさく日記）虾子、帆立贝口味 各 108 日元**

炸成一口大小的酥脆炸煎饼充满大海的风味与香醇，有虾子与帆立贝两种口味，吃一口就停不下来。小包装的分量当成休息的点心刚刚好，也有能当成伴手礼赠送的包装，与同事分享再好不过了。

贩售处

大丸札幌店、大丸东京店、涩谷站东急东横店、西武池袋本店、松坂屋上野店、横滨高岛屋、松坂屋名古屋店、大丸京都店、阿倍野 HARUKAS 近铁本店等。

URL：www.bankaku.co.jp

长崎县

福砂屋

拥有 390 余年历史的老字号福砂屋，将长崎蛋糕做成可爱的方块状啰！盒子里装着蛋糕师傅以手工制作而成的传统长崎蛋糕，还附有小叉子，方便随时享用。源于长崎的绝品长崎蛋糕，当成伴手礼非常体面！

⬆ **福砂屋 CUBE（フクサヤ キューブ）1 盒 270 日元**

贩售处

日本主要都市百货公司。

URL：www.castella.co.jp

送给万中选一的 TA！梦幻绝品伴手礼

想送给家人、另一半、客户……应该送什么样的礼物呢？让收礼者打开的瞬间心花怒放，也让送礼者感觉十分体面的伴手礼，华丽到让你舍不得移开目光！

东京都

银座 菊乃舍

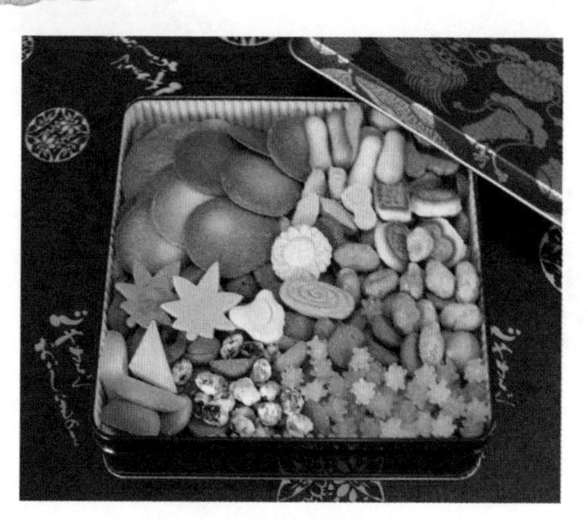

特撰 富贵寄 小罐 2160 日元

富贵寄 夏色罐 1728 日元（夏季限定）

创业 125 年的江户和果子店“银座菊乃舍”。综合约 30 种小巧可爱干果子的代表铭果“富贵寄”，犹如以小点心制成的珠宝盒，是极具话题性的伴手礼。打开饼干盒盖的瞬间，就能听到此起彼落的赞叹声，从收到礼盒到吃完最后一口，都能沉浸在华丽的气氛当中。

贩售处

银座本店、东京车站（トウキョウミタス）、涩谷站东急东横店、羽田机场等。

URL：www.ginza-kikunoya.co.jp

福岛县

New 木村屋　ニュー木村屋

在使用果泥做成的果冻中，放入大粒福岛县产的白桃及山形县产的法兰西梨果肉。尝一口就能感受其鲜美多汁与丰美香气，果然是极品果冻。华丽的外包装也十分引人注目。

贩售处

六本木 Hills（福岛屋）、福岛县八重洲观光交流馆、日本桥福岛观光物产馆。
URL：newkimuraya.com

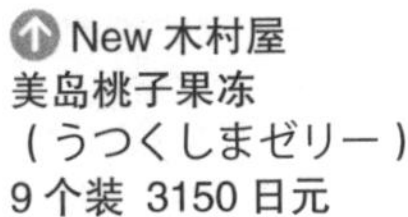

↑ New 木村屋
美岛桃子果冻
（うつくしまゼリー）
9 个装 3150 日元

东京都

美味御进物逸品会　おいしい御進物逸品会

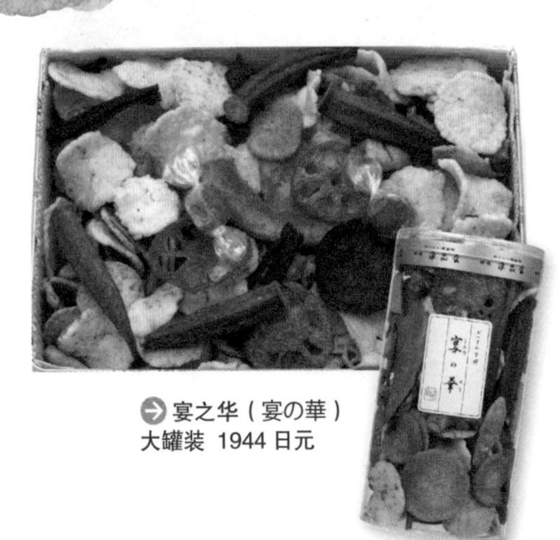

→ 宴之华（宴の華）
大罐装 1944 日元

赤坂及新桥的上流贵妇们，要买高级礼品时常会造访“柳桥逸品会”，店内陈列的商品都是日本引以为傲的美味，外观也十分讲究。其中，“宴之华”汇集了莲藕、南瓜、红萝卜、苹果、秋葵、昆布等二十多种山珍海味，以特殊制法炸成，是受到各界知名人士长年喜爱的人气商品。

贩售处

浅草桥本店、涩谷站东急东横店、西武池袋本店、阪急梅田本店等（皆非常设店）。
URL：www.ippinkai.jp

东京都

资生堂 PARLOUR　資生堂パーラー

⬆ **花椿饼干（花椿ビスケット）**
（左）白罐 24 片装 1512 日元
（右）金罐 48 片装 2376 日元

由身兼摄影师的第一代社长福原信三所设计。用心烤制的花椿饼干朴实且温醇，充满令人怀念的好滋味。时尚且设计高雅的饼干罐，也是长年受到喜爱的理由之一。

SHOP 贩售处

伊势丹新宿店、日本桥高岛屋、松坂屋上野店、西武池袋本店、横滨高岛屋、羽田机场等。
URL：parlour.shiseido.co.jp

东京都

日本桥　千疋屋总本店

日本代表性的老字号水果专卖店“千疋屋总本店”，以精心挑选的水果制成的高品质果酱。只使用水果果肉、砂糖、柠檬果汁细心熬煮，只要一小口，就能感受到水果香气在口腔中扩散开来。

贩售处

银座三越、伊势丹新宿店、新宿高岛屋、日本桥高岛屋、西武池袋本店、松屋银座、羽田机场等（每家店铺贩卖商品各有不同）。

⬆ **水果果酱**
（フルーツジャム）
6 瓶装 6804 日元

东京都

帝国饭店 东京

“帝国饭店”自1890年开业以来，就是迎接来自世界各国宾客的代表性饭店。以日本、法国、加纳等国为主题，制作出8种不同口味的饼干，非常适合送给重要的人。

Imperial Hotel CooKie 3240日元

店·铺·资·讯

帝国饭店 东京

东京都千代田区幸町1-1-1
（在本馆1F“Gargantua”贩售）

03-3504-1111

从东京Metro地铁日比谷线·千代田线·都营地铁三田线“日比谷站”步行3分钟

www.imperialhotel.co.jp

东京都

RUYS DAEL

创业90余年的老字号洋果子店。高级的饼干派“Almond Leaf”，在饼干上加上杏仁片及糖霜制成，奶油香气以及酥脆好入口的口感，构成纤细且高雅的味道。在百货公司内长期设柜贩售，因为态度真诚，受到众多顾客支持。

Almond Leaf
（Almond Leaf 30个
Chocolat Leaf 15个）
3240日元

SHOP 贩售处

中野本店、三越札幌店、银座三越、东武百货店池袋店、三越名古屋店、近铁百货店奈良店等。

URL：www.ruysdael.co.jp

东京都

BEL AMER

Palet Chocolat 15 片装 4536 日元

店名“BEL AMER”在法文中是“美丽的苦味”之意。由巧克力师傅一个一个仔细地以手工制作成，加上带有香气的坚果仁及水果干等装饰，共有 15 种不同口味。

SHOP 贩售处

大丸东京店、涩谷站东急东横店、伊势丹新宿店、银座三越、松坂屋名古屋店、JR 京都伊势丹店、阪急梅田本店等。

URL：www.belamer.jp

东京都

marshmallow elegance

怎么会有这么美味的棉花糖？“Chocolat Terrine”在入口即化的巧克力中，包覆着棉花糖、杏仁及蜜渍果干等素材，有微苦巧克力、草莓两种口味，是吃过一次就难以忘怀的奢华甜点。

贩售处

GRANSTA（东京站）、横滨 SOGO（银葡萄）、阪急梅田本店等。

URL：www.marshmallow-elegance.jp

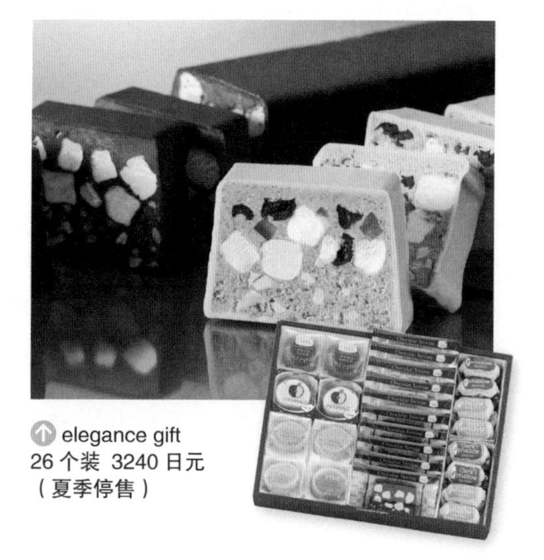

elegance gift
26 个装 3240 日元
（夏季停售）

东京都

银座 曙　銀座 あけぼの

二十四节花 1盒36片装 1296日元

充满大自然恩惠素材的8种口味御欠，以印上24种的花朵与俳句的小袋子包装。包装袋上描绘着绣球花、山茶花、菊花等，犹如艺术品一般。曙的店铺中，也有许多具有和风感的商品。

SHOP 贩售处

札幌三越、银座三越、日本桥高岛屋、大丸东京店、伊势丹新宿店、涩谷站东急东横店、西武池袋本店、羽田机场、成田机场、大丸梅田店等。

URL：www.ginza-akebono.co.jp

东京都

锦松梅

“锦松梅”是佃煮、粉状调味料的专卖店，将严选柴鱼、白芝麻、香菇、木耳、松子等，以古传秘方制作，是送礼的畅销礼品。成品放在“有田烧”的陶器里贩卖，也有方便携带的袋装类型商品。

贩售处

大丸东京店、上野松坂屋、涩谷站东急东横店、羽田机场、横滨高岛屋、银座三越、伊势丹新宿店、西武池袋本店、日本桥高岛屋。

URL：www.kinshobai.co.jp

锦松梅 有田烧容器包装“SW”260g装（130gX2袋）
5400日元（容器设计可能不同）

京都府

足立音卫门

栗子 Terrine（栗のテリーヌ）
4320 日元

“栗子 Terrine”是奢侈使用大量栗子的蛋糕，总重量650克中就有400克是栗子！使用和三盆糖制作的美味牛油蛋糕，带着令人怀念的味道，与栗子简直是绝配，可说是能长留在记忆之中的绝品。

SHOP 贩售处

京都本店、西武池袋本店、松屋银座、JR名古屋高岛屋、松坂屋名古屋店、大丸京都店、阪急梅田本店等。
URL：www.otoemon.com

鹿儿岛县

Patisserie YANAGIMURA

鹿儿岛的人气洋果子店。蔚为讨论话题的伴手礼是限定生产的商品“萨摩之宝 烧酒心巧克力（薩摩の宝～焼酎ボンボンショコラ～）”，是与西酒造共同制作的商品。番薯烧酒的风味及醇和的巧克力在口中融合，温和好入口，能享受微醺滋味。

 贩售处

KITTE（东京站）、鹿儿岛中央站店。
URL：www.yanagimura.com

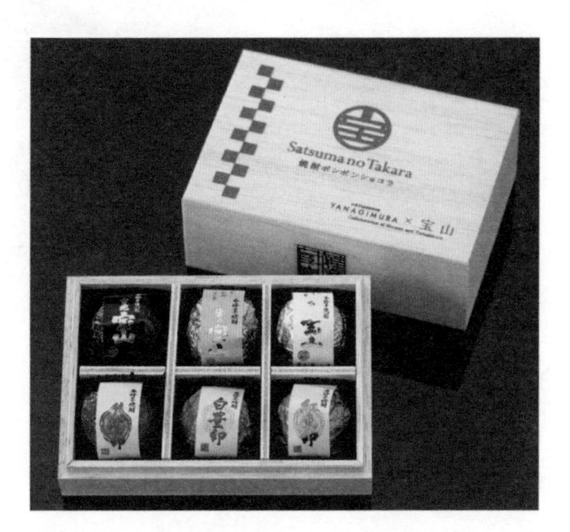

萨摩之宝 烧酒心巧克力 1620 日元

PART 06

跟着吉祥物来一场日本伴手礼之旅！

近年来日本各地掀起一阵吉祥物风潮，这些可爱的角色其实担负了行销地方观光的重责大任！这些超人气吉祥物，你认识几个了呢？让各地的吉祥物带你来一场周游日本之旅吧！

かもめの玉子
ミニ

超萌吉祥物大集合！

最近几年来，日本掀起一阵各地吉祥物风潮，各地的吉祥物加起来，竟然多达 1500 个以上！当红的日本吉祥物，你知道几个呢？

熊本县代表！ くまモン KUMAMON

在熊本县有
广大的阿苏跟美丽的天草之海，
也有很多温泉和美食！
大家一起来吧～☆

©2010 熊本县くまモン

原本是为九州新干线全线通车所设计，后来被熊本县知事任命为“熊本县营业部长兼幸福部长”，现在已可说是每天为宣传熊本美食跟大自然魅力而奋斗的公务员了！据说他胖胖的体形，是因为吃了太多熊本超美味的特产物，2015 年还因为太胖而挑战减肥，结果失败了，被降级为“代理部长”，不过现在已经平安回到营业部长的位置了。

KUMAMON 是日本最具话题性的在地吉祥物，还曾参加“幻想吉他”的全日本决赛，更挑战过高空弹跳！目前在全世界都具有超高人气！

兵库县代表！

ちっちゃいおっさん®

小老头

太太 瑞惠（みづえ）
小老头的太太也以“小老太婆”（ちっちゃいおばはん）的身份活跃中！

商品种类十分丰富！带在身上仿佛就能充满活力！让“小老头”成为你旅途中的伴侣吧！

兵库县尼崎市的非官方吉祥物“小老头”，本名为“酒田伸一”（酒田しんいち），是少数能开口说话的吉祥物，更因为轻松有趣的谈话内容，受到大家欢迎！充满正义感及幽默感的小老头也被多数的企业相中，拍摄了许多广告，受欢迎的程度不下当红的偶像明星，浓浓的昭和风情深受各世代的喜爱。事实上，小老头对自己非常放纵、不喜欢认真工作，加上喝醉酒时满口醉话，看起来就是个随处可见的大叔模样。“就算是大叔也能受到欢迎！”这样的意象，是否能带给全日本的大叔们希望之光呢？

URL：co3.tv

群马县代表！

ぐんまちゃん

群马酱

在银座的群马酱家，买得到可爱的群马酱周边商品喔！

努力担任群马县宣传部长的 7 岁小马“群马酱”，特技是能变身成各种样貌。于每年举办的各地吉祥物票选当中，都获得不少票数支持，2014 年更一举登上冠军宝座。群马县因为富冈制丝厂及丝绸产业遗产群，被列为世界文化遗产，有众多的海外观光客到此造访。今后也请多多支持在这魅力十足的群马县努力的宣传部长群马酱！

URL：kikaku.pref.gunma.jp/g-info

栃木县代表！ さのまる 佐野丸

居住在栃木县佐野市城下町的可爱武士。腰间佩带着炸马铃薯串的宝剑、头上戴着由佐野拉面的碗做成的帽子，帽檐还露出一小撮拉面刘海。在2013年举办的各地吉祥物票选中，获得众多粉丝支持，勇夺第一名宝座。更有许多人为了亲眼一睹佐野丸而特地造访佐野市。佐野市有拉面、荞麦面、草莓、梨子等各式名产，除了有Outlet可逛街购物外，观光景点也非常多，期待大家的莅临。

URL：sanomaru225.com

佐野ブランドキャラクター さのまる © 佐野市

爱媛县代表！ いまばり バリィさん® 今治巴里桑

出生成长于有着美味烤鸡肉串的爱媛县今治市的小鸡，是身高150厘米、体重150公斤、腰围150厘米的圆滚滚身材。头上戴着来岛海峡大桥造型的皇冠，围着毛巾材质的肚围，带着特别订制的船型钱包，兴趣是走到哪儿吃到哪儿，以及收集肚围，希望让大家都知道今治是个好地方！在2012年举办的各地吉祥物票选当中，荣获第一名。周边商品有布偶娃娃及甜点，非常受欢迎。

URL：www.barysan.net

©Daiichi Printing

北海道地区的吉祥物＆伴手礼

美食的宝库——北海道！使用广袤大地所孕育的醇美牛奶和新鲜海产做的特产，已经成为日本代表性的伴手礼了！

北海道代表！

メロン熊

哈密瓜熊

因为将北海道夕张的农家弄得一团糟，并将美味的哈密瓜吃得乱七八糟而变形的熊。由于长相容易让小朋友们感到害怕，当初还被冷冻起来，不过现在已受到各地的喜爱了。传言被哈密瓜熊咬到头能够得到幸福，所以在各种活动当中，都会出现希望被咬的自愿者，是不是很有趣呢？

URL：ameblo.jp/melon-kuma

↑ **哈密瓜熊非常凶暴危险，就算发现它的踪迹也请不要轻易靠近！**

北海道

北果楼

在全国的北海道物产展上，销售量快速增加的超热卖商品“开拓御欠”。使用北海道产糯米，花费一周时间仔细制作而成，将北海道各地的海味浓缩成多种口味。

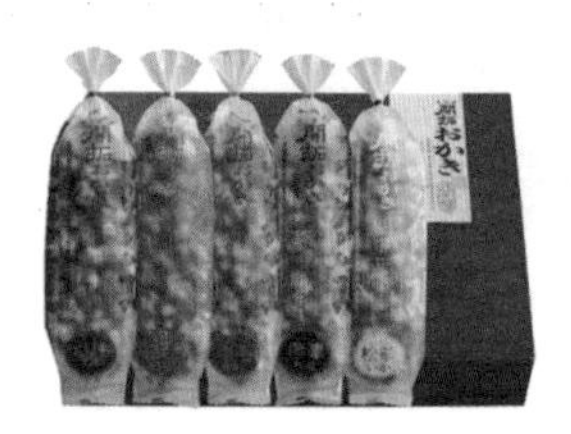

← **北海道开拓御欠（北海道開拓おかき）昆布味、帆立贝味、甜虾味、秋鲑味、花枝味　各 410 日元**

贩售处

北果楼砂川本店、新千岁机场店、札幌市内主要百货公司、道内机场内伴手礼店等。URL：www.kitakaro.com

北海道

ROYCE'

⇧ **左为生巧克力（山崎 SHERRY WOOD）778 日元（冬季期间限定、数量限定商品），右为生巧克力（牛奶味）778 日元**

入口即化的“ROYCE'”生巧克力，牛奶口味非常受欢迎。这里要特别介绍限定品“山崎 SHERRY WOOD”，是 ROYCE' 以 Suntory 的一次蒸馏威士忌“山崎 SHERRY WOOD”，混合牛奶巧克力后制成的原创商品，威士忌的深厚风味令人心醉神迷（为冷藏品，请保存于 10℃以下）。

贩售处

北海道内机场及各伴手礼店、日本主要机场免税店等。
URL：corporate.royce.com

北海道

石屋制果

⇦ ⇧ **美冬 6 个装 761 日元**

一说到北海道名产，一定会想到“白色恋人”，美冬就是由制作白色恋人的石屋制果呈献的另一个人气商品。酥脆的千层派饼中夹入蓝莓、焦糖、栗子 3 种口味的奶油，外层再搭配夹心内馅，并以不同口味巧克力包覆。黄金比例滋味加上酥脆的口感，简直绝配！

贩售处

北海道内机场、旅馆卖店、伴手礼店、百货公司、羽田机场、成田机场等。
URL：www.ishiya.co.jp

北海道

六花亭

以奶油葡萄夹心饼干闻名的六花亭商品当中，我最喜欢的就属“霜”了。烤得酥脆可口的巧克力口味派饼中间，夹入特制摩卡白巧克力奶油，别名为“用来吃的卡布奇诺”。因为重量轻盈，所以携带方便，非常适合当作伴手礼。请务必当成下午茶的点心享用。

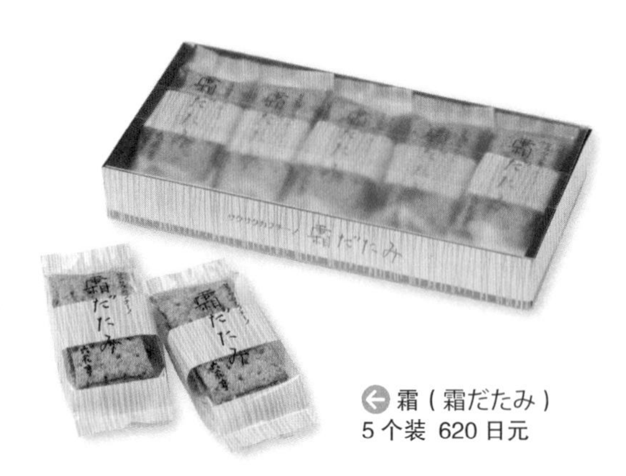

霜（霜だたみ）
5个装 620日元

贩售处

北海道内主要机场、车站卖店等。
URL：www.rokkatei.co.jp

北海道

洋果子 KINOTOYA きのとや

无论是大人还是小朋友都喜欢的温和浓醇牛奶风味饼干，酥脆及入口即化的双重口感，让人不自觉多吃好几片，是完全发挥素材风味的北海道特有绝品。也曾于日本全国果子大博览会上获得“农林水产大臣奖”。

北海道牛奶饼干
札幌农学校（北海道ミルククッキー 札幌农学校）
12片装 540日元

贩售处

机场内伴手礼店、北海道内各伴手礼店等。
URL：www.kinotoya.com

北海道

HORI

⬆ **唐黍巧克力 夕张哈密瓜口味**
（とうきびチョコ 夕張メロン）
10 个装 360 日元

“唐黍巧克力”曾连续 5 年获得世界食品评鉴会（Monde Selection）最高金奖的殊荣，可说是一吃就停不下来的北海道名产代表。其中最值得推荐的是夕张哈密瓜口味！酥脆的唐黍外头裹满了夕张哈密瓜口味的巧克力，爽口香气及甜度恰到好处！

贩售处

北海道内各机场、饭店、北海道内百货公司等。
URL：www.e-hori.com

北海道

donan

将牛奶糖盒做成骰子形状，并在每个小盒子上画上可爱的夕张哈密瓜图案。一咬下去，富良野产哈密瓜的香甜多汁在口中扩散开来。这是用实惠价格就能买到、能够发送给很多人的伴手礼，因为太过可爱，一不小心就会买太多呢。

贩售处

北海道内机场、JR 车站卖店、观光特产店等。
URL：www.dounan.co.jp

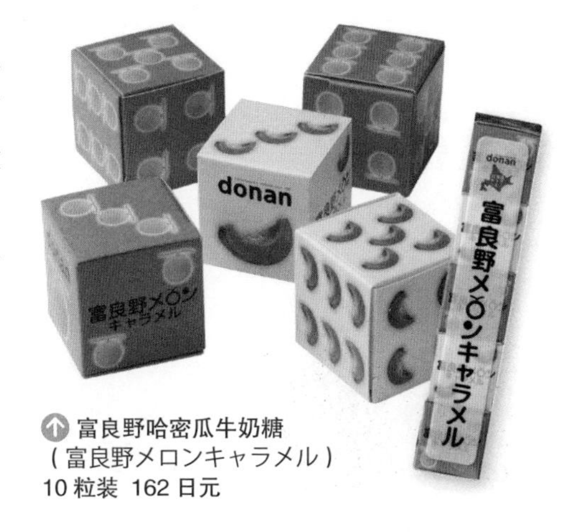

⬆ **富良野哈密瓜牛奶糖**
（富良野メロンキャラメル）
10 粒装 162 日元

东北地区的吉祥物＆伴手礼

使用特产的苹果以及在东北大地栽种的小麦磨成的面粉，是极寒之地才有的自然恩惠！尝一口，仿佛看见了北国的风景呢。

宫城县代表！

むすび丸
饭团丸

宫城县拥有日本三景之一的松岛，还有藏王等地的优美景色，加上有丰富温泉，以及竹叶鱼板、牛舌、牡蛎等美味的食物，是让人能感到幸福的地方喔。

宫城县的吉祥物“饭团丸”的头，是以宫城生产的饱满米粒所捏成。头上戴着宫城代表历史人物伊达政宗的头盔，兴趣则是睡午觉及温泉巡礼。

URL：www.sendaimiyagidc.jp/musubimaru

仙台・宫城观光
ＰＲキャラクター
むすび丸
承认番号 26261 号

青森县

Shiny

← 金罐（金のねぶた）、银罐（银のねぶた）各 124 日元

将契约果园精心栽培的苹果，制成风味十足的 100% 青森苹果汁。有使用产量稀少的红玉苹果制成略带酸味的清爽风味“金罐”，以及使用王林苹果制成醇和风味的“银罐”，常被青森县民当成赠答用的珍贵礼品。

贩售处

青森县内的特产店等。
URL：www.shinyapple.co.jp

岩手县

齐藤制果 さいとう製菓

细致柔软、口感湿润的黄味馅，外层包裹白巧克力和蛋糕的“海鸥蛋”，是代表岩手县南三陆的铭果。特别推荐迷你版的商品，依照不同的季节会推出像蓝莓、栗子、草莓等不同口味，在一年当中陆续登场，十分令人期待。

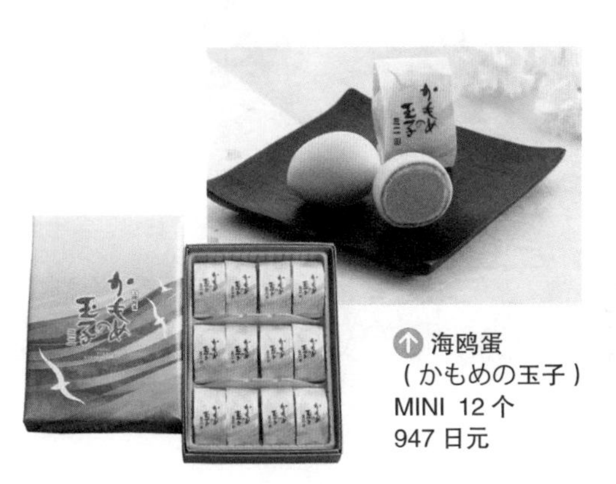

海鸥蛋（かもめの玉子）MINI 12 个 947 日元

SHOP 贩售处

岩手县内伴手礼店、日本全国主要百货公司等。

URL：www.saitoseika.co.jp

宫城县

阿部蒲鉾店

说到仙台的伴手礼，就会想到竹叶鱼板！阿部蒲鉾店的竹叶鱼板，曾于农林水产省后援的全国蒲鉾品评会上，获颁“荣誉大赏”奖项。送入口中，鱼的鲜美及风味马上扩散，一吃就爱上！

SHOP 贩售处

宫城县内直营店、百货公司及机场等。

URL：www.abekama.co.jp

竹叶鱼板（笹かまぼこ 千代）1 片 154 日元

山形县

CYBELE

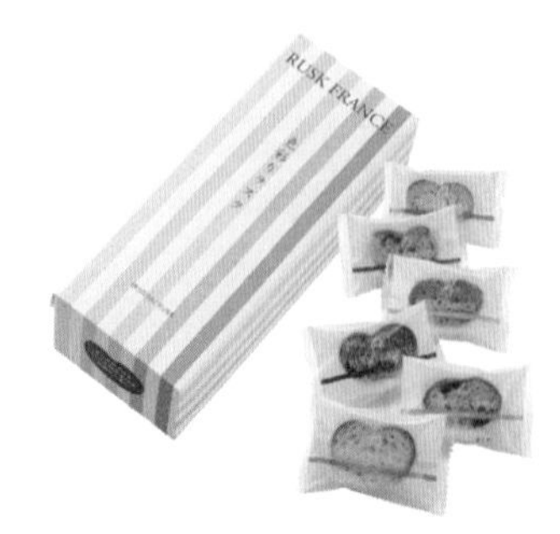

洋果子专卖店“CYBELE”的本店位于山形，店内的法国片面包脆饼十分受欢迎。在放入窑内烘烤之前，师傅们将一根一根的法国面包切线，并细心地划在正中间，因此约有一半的断面会呈现爱心形状，十分可爱。如此讲究的法国面包脆饼，在东京表参道也能买得到喔!

↑ 多彩法国面包脆饼（ラスクフランス 色彩りラスク）（原味、蓝莓、巧克力、枫糖＋核桃、苹果肉桂、大蒜）12 包（24 片）1080 日元

贩售处

山形县内店铺、麦工房东京青山店（表参道站 B3 出口即达）
URL：www.ruskfrance.net

秋田县

佐藤养助商店

佐藤养助商店创业 155 年，是制作秋田名产稻庭乌龙面的名店。是宫内省的人们喜欢的美食，并且屡获各种食品博览会优等奖的究极乌龙面，滑顺的口感俘虏了日本全国的民众。无添加任何化学物品及染料，是无论谁收到都会感到高兴的伴手礼。

↑ 化妆箱装
150g × 5
3240 日元

贩售处

秋田机场、日本全国主要百货公司、秋田县特产店及各直营店等。
URL：www.sato-yoske.co.jp

福岛县

NEW 木村屋

将最上等的糯米制成粉，加入经过发酵一年以上的自家酿造酱油调味后，以长时间蒸煮而成。中间加入大量核桃，是福岛的著名铭果。Q 弹的口感搭配香气十足的胡桃，眼前仿佛浮现田园风景般，是令人怀念的滋味。

↑ 核桃柚饼子（くるみゆべし）10 个装 1188 日元

贩售处

六本木 Hills“福岛屋”、八重洲福岛县观光物产馆、福岛特产品店等。

URL：newkimuraya.com

关东地区的吉祥物&伴手礼

美食的激烈战区！有着历史风情港町的横滨、大都会区东京，还有世界瞩目的伴手礼喔！

埼玉县代表！

ふっかちゃん

萌葱

埼玉县深谷市
生产大量蔬菜及花朵，
是花与蔬菜的王国！如果有机会
到日本的话，欢迎大家來玩喔！
Y(oO ω Oo)Y

埼玉县深谷市的吉祥物“萌葱”，外表看起来像是兔子又像是鹿，头上的角是代表当地名产深谷葱。可爱度破表的萌葱，在全国性的活动中也是大家争相邀请的人气角色，在 Twitter 上的发言也十分可爱！

URL：
www.fukkachan.com

深谷市イメージキャラクターふっかちゃん
承认番号 1676 号

东京都

YOKU MOKU

↑ 东京 Honey sugar 12 个装 1080 日元

人气店铺 YOKU MOKU 所制作的东京限定商品。以酥脆的薄烧煎饼加上蜂蜜糖浆制成的“东京 Honey sugar”，香气十足，煎饼上的蜂巢和蜜蜂图案也非常可爱，勇夺东京车站限定商品最受欢迎第一名宝座！

SHOP 贩售处

东京车站、东京铭品馆南口店（东京百货亦有）。

神奈川县

ARIAKE ありあけ

到横滨一定要吃的定番商品！薄薄的长崎蛋糕包覆含有颗粒的栗子馅制成的船型蛋糕，外表看起来小巧可爱，吃起来却分量十足。湿润的口感，搭配茶饮或是咖啡都很适合呢！

ARIAKE HARBOUR 栗子蛋糕(ダブルマロン)
5 个装　810 日元

贩售处

ARIAKE 本馆 HARBOUR'S MOON 横滨、横滨的百货公司、新横滨站卖店等。
URL：www.ariakeharbour.com

千叶县

和味米屋 なごみの米屋

将风味丰醇的花生熬煮成甘甜的内馅，再以可爱花生造型的最中饼皮包覆，建议搭配茶饮一同享用。曾获得全国果子大博览会名誉总裁奖及其他无数奖项，是十分热卖的商品。在 JR 成田站前店也能买到，如果有机会经过成田车站，请务必买来尝尝看。

贩售处

成田山参道和味米屋本店、成田山参道附近伴手礼店、成田机场等。
URL：www.nagomi-yoneya.co.jp

花生最中(ぴーなっつ最中)8 个装 1080 日元

埼玉县

彩果宝石 彩果の宝石

发源于埼玉县，完整保留各种水果的美味，并裹满上等砂糖制成的水果软糖，非常受年长女性的喜爱，百货公司中的店铺也总是门庭若市。每个口味的软糖都做成该种水果的造型，放在一起像是五颜六色的宝石一般。

贩售处

日本全国三越百货公司。
URL：www.saikano-hoseki.jp

Variety 15 种 袋装 486 日元

栃木县

城山制面

主要贩售于栃木县佐野市的“佐野拉面”，近年来被当成“关东地区的在地拉面”而备受讨论。城山制面的佐野拉面，以名水百选的地下水及最高等级的面粉为原料，并以清爽的酱油口味汤头搭配手工揉制的卷曲面条，非常美味。是就算在家中也能享用道地口味的拉面！

佐野生拉面（佐野生ラーメン）4 份装 700 日元

贩售处

东京晴空街道特产品店“栃丸 SHOP”（とちまるショップ）、佐野市观光物产会馆。

群马县

清月堂

群马县的代表铭果。据说创业当时，是仅以矿泉水及面粉制作的薄烧煎饼，战后因为西洋点心风潮兴起，因此涂上圣诞蛋糕上的奶油贩售，没想到大受好评。酥脆的口感让人能吃出矿泉煎饼的风味，加上令人怀念滋味的浓醇奶油，是无论哪个世代都会喜欢的人气商品。

旅鸦（旅がらす）16 枚入 1286 日元

贩售处

群马县内伴手礼店、日本全国主要百货公司等。

URL：www.seigetsudo.co.jp

茨城县

木内酒造

加入芫荽、干燥橘皮等香料制成的比利时传统麦啤酒，于日本国内各种竞赛中皆获得最高荣誉的金奖，在世界最大的啤酒竞赛“World Beer Cup”中，也曾两度荣获金奖，在英国最大的啤酒竞赛中更获得综合部门的冠军。口感清爽非常好入喉，女性也能轻松入口。而曾于日本最大的梅酒竞赛“天满天神梅酒大会”中，荣获最高荣耀的极品梅酒。滑顺好入口又带着梅子的清香、甘醇的味道，是让人心醉神迷的绝品。

木内梅酒 500ml 1080 日元

常陆野 NEST BEER White Ale 330ml 400 日元

Photo by Sadamu Saito

贩售处

日本全国百货公司、酒贩店等。

URL：www.kodawari.cc

中部地区的吉祥物＆伴手礼

位于日本列岛的中央位置，中部地区大量使用丰富的农产品，以单纯的原料展现朴实温和的滋味，还有全日本超市都能买到的超热门伴手礼！

长野县代表！

アルクマ

散步熊

请大家一定要来欣赏长野四季更迭的优美风景！

栖息于长野县的珍稀熊种。为了宣传信州的魅力而在日本国内积极地巡回奔走。明明是熊却很怕冷，所以总是戴着帽子，背上则总是背着后背包。帽子和背包，可算是散步熊的注册商标。

URL：arukuma.jp

长野县 PR キャラクター
“アルクマ”
© 长野县アルクマ

新潟县

浪花屋制果

← 柿种米果进物罐（の種進物缶）
27gX12 袋
1080 日元

提到柿种米果的元祖，就会想到已持续制作柿种米果长达 90 年的浪花屋制果。使用日本国产糯米制作，芳香微辣的滋味让人停不下来！你知道柿种米果诞生的过程吗？其实，原本是要做成椭圆金币形状的霰饼，但一不小心弄碎了，直接使用碎裂材料制作的米果，形状看起来就像柿子的种子一样。是不是很有趣呢？

贩售处

新潟县内主要车站卖店、伴手礼店、新潟机场、成田机场、日本全国主要百货公司等。
URL：www.naniwayaseika.co.jp

富山县

日の出屋制果

以被称为“富山湾宝石”、带有清爽味道的白虾，所制成的虾风味煎饼。使用100% 富山产的稻米，高雅的盐味加上白虾的风味，好吃到一吃就停不下来，是非常受欢迎的伴手礼。

↑ 白虾纪行（しろえび紀行）17 袋装 864 日元

贩售处

富山机场、大和富山店、高冈店、IKIKI 富山馆（东京交通会馆内）等。
URL：www.sasaraya-kakibei.com

石川县

豆屋金泽万久 まめや金沢万久

将石川县产的有机大豆制成炒豆子，再使用梅子，以及能登产的盐制成的“盐蜜”调味，呈现红白二色的外表十分吉利。放进手工绘制的豆形纸容器“豆箱”中，可送给重要的人！店内展示各式各样造型的豆箱，适合作为伴手礼。

↑ 红白豆 864 日元

贩售处

金泽百番街，MEITETSU M’ZA、香林坊大和、东京晴空街道®、GRANSTA（东京站）、松屋银座等。
URL：www.mameya-bankyu.com

福井县

团助

福井县的曹洞宗大本山永平寺的僧人，连续三代都钟爱的贡品“芝麻豆腐团助”。沿袭古法，费时费工才能制成，黏稠浓厚的黑芝麻豆腐及香醇风味的白芝麻豆腐，在口中散发的浓厚芝麻风味，让人大呼满足。

↑ 永平寺御用达
芝麻豆腐综合礼盒
（ごまどうふ詰合せ）
2160 日元

贩售处

团助直营店。
www.dansuke.co.jp

山梨县

桔梗屋

“桔梗屋”是制作山梨有名的代表铭果桔梗信玄饼的老字号和果子铺，以桔梗信玄饼为原型，创造出多种甜点而备受瞩目。当中最受欢迎的就是“桔梗信玄生布丁”。新鲜生奶油搭配黄豆粉的香气，让人口齿留香。于 2015 年荣获由日本国土交通省观光厅举办的伴手礼大赏冠军殊荣。每次在店面只要一摆出来，立即销售一空。

↑ 桔梗信玄生布丁（桔梗信玄生プリン）6 个装
1458 日元（需冷藏）

贩售处

桔梗屋东治郎、花果亭、黑蜜庵、富士之国山梨馆。
URL：www.kikyouya.co.jp

长野县

田中屋

↑ 雷鸟之里（雷鳥の里）16 个装 929 日元

以长野县县鸟——雷鸟的优美形态为蓝图制成，是贩售 40 年来持续受到大家喜爱的信州伴手礼。以面粉制作的欧风煎饼与奶油层层交叠，谱出酥脆口感及醇和滋味。甜度适中，是适合全家大小一同享用的伴手礼。

SHOP 贩售处

长野县内主要特产店、车站内特产店、休息站等。

URL：www.raicyonosato.jp

岐阜县

SUYA すや

↑ 栗金团（栗きんとん 6 个装 1468 日元（保存期限 4 天，请尽早享用）

以严选栗子及砂糖为原料，全程以手工制作，从朴实的原料中能看出点心师傅的纯熟技术，以及对材料的坚持。在高雅的味道中，能享受栗子原有的自然风味。因为限定在 9 月至翌年 1 月间贩卖（根据栗子收货量而变动），是让日本全国人民都引颈期盼秋季到来的人气商品。

贩售处

直营店、日本主要百货公司。

URL：www.suya-honke.co.jp

爱知县

松永制果

红豆夹心饼
（スターしるこサンド）
110g 172 日元

将拌入北海道产红豆、苹果果酱、蜂蜜等材料的内馅，包入饼干当中，制成具有 3 层构造的小点心。是生长在以爱知为首的东海地区人民，从小吃到大的熟悉口味。近来人气逐渐攀升，变成全国性的人气点心。朴实且温和的甜味，让人忍不住食指大动。

贩售处

日本全国超市。
URL：www.matsunaga-seika.co.jp

静冈县

春华堂

受到全日本喜爱的静冈县滨松铭果“鳗鱼派”，派皮以鲜奶油、严选素材加上鳗鱼萃取物、大蒜等调味料制成，香气四溢的奶油酥脆口感，是只有熟悉鳗鱼派的师傅才能呈现的美味。

贩售处

鳗鱼派工场（うなぎパイファクトリー）春华堂直营店、远铁百货店、新特丽亚名古屋中部国际机场、JR 滨松站卖店。
URL：www.shunkado.co.jp

鳗鱼派（うなぎパイ）16 片装 1284 日元

近畿地区的吉祥物&伴手礼

近畿地区包括京都、大阪等，也称为“关西地区”，拥有深厚的日本历史，也是洋果子的发祥之地，就像是日本的宝藏箱！

关西有好多便宜又好吃的东西，一定要来玩哪！(ˆOˆ)

滋贺县

TANEYA たねや

“富久实天平”为和果子名店“TANEYA”的代表铭果。将香气十足的最中饼皮，与加入求肥的内馅分开包装，吃之前再将内馅夹起享用，是可享受DIY乐趣的美味最中饼。推荐搭配茶饮一同享用。

富久实天平（ふくみ天平）
6个入
1080日元

贩售处

日本全国主要百货公司。
URL：taneya.jp

大阪府

Faithwin フェイスウィン

以关西地区为首，人气急速上升中的美乃滋御欠，由于对使用的素材十分讲究，只要尝过一次就停不下来！因为太受欢迎，所以也开始出现与日本各地特产、观光地共同合作的限定版美乃滋御欠。由美乃滋发想而出的吉祥物“MAYO”，是这项产品的代表图案。在旅途之中，会遇到哪一个“MAYO”呢？可以到官方网站上确认一下喔！

大阪限定美乃滋御欠
（大阪限定マヨおかき）388日元

贩售处

JR大阪站内、新大阪站内、通天阁内特产店、Little大阪（UNIVERSAL CITY WALK店·道顿堀店）。
URL：www.faithwin.com

兵库县

TORAKU

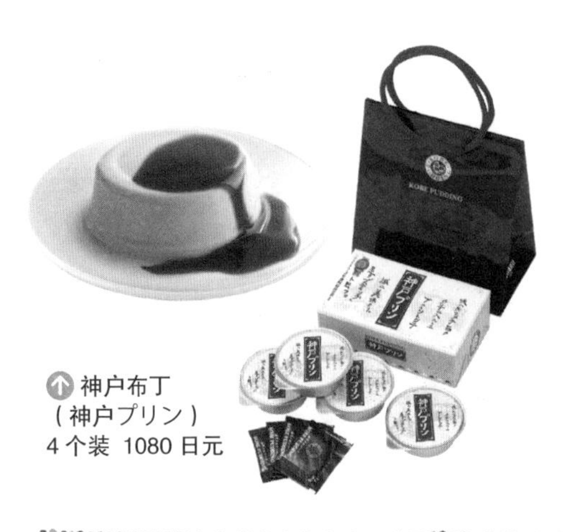

↑ 神户布丁
（神户プリン）
4 个装 1080 日元

神户自古以来一直是西洋文化的窗口，在这样的神户中，有着高人气的伴手礼布丁。鸡蛋与浓郁生奶油，加上柑橘系利口酒的清爽风味，谱出绝妙的和弦，让人忍不住就想再吃一个。由于携带方便，很适合买来当成伴手礼。

贩售处

新神户站 Entrée Marché、神户机场、神户 Brand、新大阪站等。
URL：www.kobepudding.com

京都府

OTABE おたべ

受欢迎的“OTABE”生八桥变身成蛋糕！抹茶口味的生八桥，中间加入黑豆馅的抹茶巧克力及蛋糕，是 Q 弹有嚼劲又带着湿润口感的创新甜点。大量使用京都宇治的老字号茶铺“森半”的宇治抹茶，是让口中飘散正统抹茶香气的绝品。

贩售处

京都站、市内观光地、关西国际机场等。
URL：www.otabe.kyoto.jp

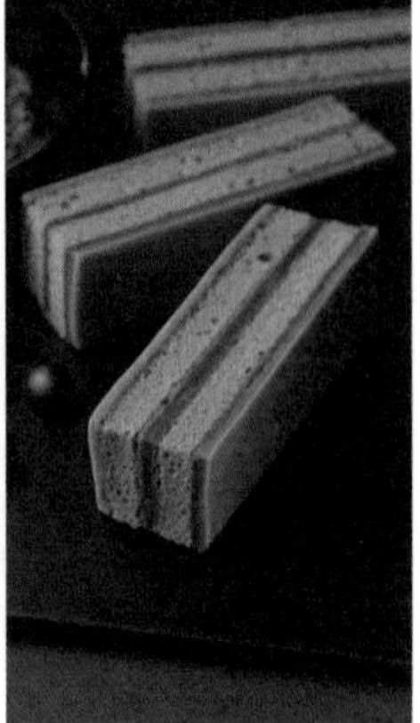

↑ 京町家蛋糕（京町家ケーキ）6 个装 1166 日元

京都府

MALEBRANCHE

↑ 浓茶猫舌饼干 茶之果（お浓茶ラングドシャ茶の果）10 片装 1360 日元

“浓茶猫舌饼干”是京都伴手礼中最有人气的网路热门美食。在浓茶口味的猫舌饼干当中，夹入特制的白巧克力夹心，创造出奢侈的口感。“浓茶”可尝出抹茶本身带有的甜味，是所有茶叶当中最高级的一种。一口咬下茶香四溢，与白巧克力恰到好处的甜味简直绝配。

SHOP 贩售处

MALEBRANCHE 北山本店、清水坂店、岚山店、京都市内主要百货公司等。
URL：www.malebranche.co.jp

奈良县

YOSHINOYA

よしのや

以高品质的吉野本葛提炼制成的“吉野葛饼”。请搭配浓醇却带着清爽甜味的黑蜜，及芳香可口的京黄豆粉一起享用。滑顺好入喉且口感 Q 弹，冰过之后更加美味。依据不同季节，会将包装纸上的图案更换成相应的奈良风景及年度活动，是代表奈良的最佳伴手礼。

↑ 吉野の葛饼（黑蜜、京黄豆粉）330g 972 日元

SHOP 贩售处

奈良县内贩店、JR 奈良站、近铁奈良站、东大寺博物馆店、奈良 MAHOROBA 馆（东京）、ecute 东京店（ニッコリーナ）。
URL：honkuzu.com/

和歌山县

福菱

饼皮的外层表面酥脆，内层柔软，中间夹入带有温和甜味的奶油，含入口中立刻化开！和歌山铭果“阳炎”十分好入口，不论是谁都能安心享用，是非常受欢迎的伴手礼，亦曾荣获全国果子大博览会“厚生劳动大臣奖”等无数奖项。

↑ **阳炎（かげろう）10 个入 1080 日元**

贩售处

福菱本店（有折扣优惠）、关西机场、JR 和歌山站附近、白滨各饭店及特产店等。
URL：www.fukubishi.co.jp

三重县

伊势药本铺

为拥有 600 年历史的传统肠胃药“万金丹”的“伊势药本铺”所制作的商品。以冲绳黑糖加上阿仙药、甘草、桂皮等制成风味丰醇的黑饴，能改善喉咙不适的症状，所以回购者很多。使用的材料对身体很好，推荐送给喜欢中药的爷爷奶奶等长辈。在前往伊势神宫参拜时，也可顺便买来当成礼品。

↑ **万金饴 100g（单独小包装）约 18 个装 395 日元**

贩售处

三重县伊势附近特产店、饭店贩卖店、伊势神宫内宫前店铺、三重 TERRACE（东京）等。
URL：isekusuri.co.jp

中国地区的吉祥物&伴手礼

包括日本本岛西部的山阴及山阳地区，拥有日本海及濑户内海的恩惠之地！这里有日本人最爱的桃太郎伴手礼，还有受全世界瞩目的极品酒喔！

山口县代表！

ちょるる CHORURU

中国地区有风平浪静的濑户内海、波涛汹涌的日本海、丰富充裕的山脉等，还有各式美味小吃。请大家一定要来玩喔！

头的形状是“山”，脸是“口”，“CHORURU”是山口县的宣传本部长。个性有点害羞又带点迷糊，每天都为了宣传山口县的魅力而努力着。因为山口方言在语尾会加上“CHORU”，故以此命名，特殊技艺是送飞吻及舞蹈。

URL：choruru.jp

冈山县

山胁山月堂

将大家所喜爱的冈山代表英雄人物“桃太郎”的吉备团子，制成可爱的伴手礼。由名店“山胁山月堂”制作的桃太郎传说，曾于全国果子大博览会荣获荣誉大赏。包装袋上画上桃太郎的图案，每串都仔细地用竹签串上，充满黄豆粉香气。

↑ **桃太郎传说 15 串装 880 日元（日元）**

贩售处

JR 冈山站、仓敷站、福山站、冈山县内特产店，以及冈山机场、美观地区内贩售店等。
URL：www.dango.co.jp

岛根县

Patisserie Cuire

松江结缘棉花糖（江縁結びマシュマロ）1000日元

由岛根县的超人气洋果子店“Patisserie Cuire”，以树莓及热带水果等，制成柔软却多汁的棉花糖。使用红色、白色的棉花糖及红线来表现结缘，是网路订购的话题商品。边想着心中在意的那个人，边将棉花糖塞进嘴里，说不定会发生什么好事喔！

贩售处

岛根县松江市片原町 107（OPEN10:00～19:00，周二公休）。
URL：www.patisserie-cuire.com

山口县

果子乃季

累积生产数量达 1 亿，25 年来持续受到喜爱的山口县伴手礼代表。柔软蓬松的蒸长崎蛋糕，坚持使用山口县产鸡蛋、牛奶、当地名水，以及其他在地新鲜素材为原料，内馅是加入严选日本产栗子的醇和奶油，是带着怀念风味的温和点心。

贩售处

山口县内分店、山口县内主要 JR 站、高速公路 SA、OIDEMASE 山口馆等。
URL：hwww.kasinoki.co.jp

栗子蒸蛋糕（月でひろった卵）6 个装 1200 日元

广岛县

广岛海苔

说到广岛就会想到牡蛎！将营养价值高的牡蛎精华，于制作海苔调味时加入，能随时摄取海苔及牡蛎的营养。因为是制作海苔的老字号店铺商品，不论口感或味道都无可挑剔。因为过于美味，一不小心就会吃太多。

牡蛎酱油调味海苔 ➔
（かき醤油味付けのり）
486 日元

SHOP 贩售处

广岛县内量贩店、百货公司、车站、特产店等。
URL：www.hiroshimanori.co.jp

鸟取县

宝月堂

以鸟取砂丘的砂为概念，曾于鸟取县特产品竞赛中荣获最优秀奖，据说包装上以鸟取砂丘为中心的风景插画，是店主亲手描绘的。白色包装为将数种砂糖混合和三盆糖的口味，黑色包装为数种砂糖混合鹿野町产生姜的口味。有着高雅的甜味及发酵奶油的微香，入口后粉末纷落的口感，实在令人回味无穷。

↑ 砂の丘 白带（和三盆糖）540 日元
黑带（生姜）648 日元

贩售处

鸟取县东部、JR 车站、砂之美术馆贩卖店、主要百货公司、特产店等。
URL：hougetsudou.jp

山口县

旭酒造株式会社

将最高级的酒米——山田锦研磨至只取 23% 的精华部分，酿造成的纯米大吟酿。香气扑鼻、好入喉的口感加上细致的味道，是充满话题性的最高等级日本酒，连国外的爱好者也念念不忘的极品，若遇到请务必试试看。

獭祭　纯米大吟酿 ➔ 二割三分（磨き二割三分）720ml 5142 日元、180ml 1458 日元（盒装、木盒装价钱另计）

贩售处

日本全国主要百货公司，以及成田、羽田、千岁、福冈机场免税店。
URL：www.asahishuzo.ne.jp/cn/

广岛县

Nishiki 堂　にしき堂

↑ 枫叶馒头（もみじ饅頭）15 个入 1390 日元

仿造广岛县县树枫树的叶子形状为造型的馒头。用北海道十胜产的严选红豆，及日浦山涌水的名水所制作成的内馅，再以烤得胖乎乎的长崎蛋糕包覆。因为不会太甜，一不小心就会一口接一口停不下来。Nishiki 堂也是广岛最受欢迎的果子铺。

贩售处

广岛机场、广岛县主要百货公司、高速公路 SA、广岛县内 JR 车站卖店等。
URL：nisikido.co.jp

四国地区的吉祥物＆伴手礼

四面环海的四国地区拥有丰富的食材，像是柑橘类、鸣门金时番薯以及乌龙面等，都十分具有代表性喔！

高知县代表！

しんじょう君 水獭君

四国有丰富的
自然宝藏与许多美味的食物☆
巡拜四国八十八个的四国遍路，
也很受观光客欢迎哨☆
大家记得来玩！

以濒临绝种的日本川獭设计成的高知县须崎市吉祥物。一边进行川獭朋友的探访之旅，一边宣传须崎市。非常擅长跳舞，开心时会将锅烧拉面外形的帽子脱下丢开。据说摸了他的肚脐可以获得幸福。

URL：www.city.susaki.lg.jp/sinjokun/

香川县

MORI 家 もり家

↑ 赞岐半生乌龙面（讃岐半生うどん）
220g 540 日元

代表香川县的赞岐乌龙名店“MORI家”。想在店里吃一碗滑溜有嚼劲的赞岐乌龙面，必须排队两个小时，不过现在在家里就可享受了！半生乌龙面保存期限可达 3 个月，还附上高汤酱汁，不论是煮成汤面或是蘸面都很方便。

贩售处

MORI 家总店、REOMAWORLD、栗林公园、高松三越等。

URL：www.mori-ya.jp

爱媛县

田那部青果

Chuchu 果冻（ちゅうちゅうゼリー）
324 日元（每家店铺贩卖商品各有不同）

以温州蜜柑、甘夏、伊予柑等爱媛县产柑橘类制成的奢侈果冻，共有 25 种，由于配合果实收成状况，并非在所有店铺都能购买到。不添加任何防腐剂及香料，能品尝到天然、完整且完熟的水果美味。

贩售处

松山机场、城山横丁（松山城缆车街站对面）、阪急梅田本店、ecute 东京等。
URL：www.e-mikan.co.jp

香川县

名物 Kamado　名物かまど

来自濑户内海盐田的盐釜，香川的代表铭果。外皮松软香气十足，内馅大量包入严选大手亡豆（菜豆）制成的湿润豆蛋馅。圆滚滚可爱形状的 Kamado 是香川不可或缺的名产，长年以来一直受到大家的喜爱，十分适合搭配茶饮。

名物 Kamado（名物かまど）12 个装
1015 日元

SHOP

贩售处

高松机场、香川县内主要站等。
URL：www.kamado.co.jp

高知县

芋屋金次郎

特选炸地瓜条
（特撰芋けんぴ）
80g 230 日元

土佐人从小吃到大的薯制点心“炸地瓜条”（芋けんぴ）。专卖炸薯条点心的“芋屋金次郎”所制作的“特选炸薯条”，总是让东京日本桥的店铺大排长龙。依照古法炸制而成，能尝到朴实的原味，请务必尝试看看。

SHOP 贩售处

COREDO 室町 2（东京三越前站）、直营店等。
URL：www.imokin.co.jp

德岛县

IL RÒSA

德岛名产“鸣门金时”是日本番薯中最具代表性的品种。洋果子名店 IL RÒSA 的鸣门金时 Potallete，是网路订购的热门商品。原料采用严选鸣门金时番薯，加上奶油、鸡蛋、生奶油等，混合后固定在派皮面团上烤制而成。能吃到番薯真正的口感，香气十足。

鸣门金时
Potallete 12 个装
1782 日元

贩售处

德岛阿波舞机场、SOGO 德岛店等。
URL：www.ilrosa.co.jp

爱媛县

Utsubo 屋 うつぼ屋

少爷团子（坊っちゃん団子）12 串装 1080 日元

在夏目漱石小说《少爷》中出现的爱媛县代表铭果“少爷团子”，是道后温泉本馆进贡给宫廷的和果子，抹茶、蛋黄、红豆三色馅当中包着麻糬，外表看起来色彩丰富，吃起来则有着令人怀念的滋味。

贩售处

爱媛县内百货公司、松山机场、松山站贩卖店、松山观光港等。

URL：www.utuboya.co.jp

九州、冲绳地区的吉祥物&伴手礼

江户时代唯一的对外贸易点长崎、拥有独特文化的冲绳、热闹繁华的福冈……九州拥有非常多历史久远的老店铺，还有许多怀旧伴手礼！

鹿儿岛县代表！

イーサキング

伊佐国王

请务必前来
魅力满点的九州
游玩哪！

用傲慢的表情来推广鹿儿岛县伊佐市的魅力之处，与众多的吉祥物形态略有不同的伊佐市吉祥物“伊佐国王”，受到众人爱戴及尊敬，不愧是帝王般的存在呀，十分受电视节目、杂志、广告等的欢迎。传闻只要摸了国王头上的金块，心愿就能实现喔！

URL：isaking2013.jp

©2013 isaking

福冈县

福太郎

辛味明太子口味的煎饼“明太子煎饼”，是拥有众多回购者的博多代表伴手礼。微辣的口味及略带麻感的后劲，让人一吃就爱上。原料除了使用明太子之外，也使用花枝及章鱼等海鲜，让其更加浓郁美味。不论是当成点心或是下酒菜，都非常适合。其他也有美乃滋口味、辣味等不同系列的口味。

↑明太子煎饼（めんべい）2 片装 X 16 包 1000 日元

SHOP 贩售处

天神 TERRA、博多 DEITOS、福冈机场、博多站等。

URL：www.fukutaro.co.jp

佐贺县

鹤屋

于佐贺城下町创业至今 370 年的老字号店铺“果子铺鹤屋”。第二代店主向当时访日的荷兰人习得制作方式，后代加以改良后，将制作方式传承至今的“元祖丸房露”，是代表佐贺的铭果。使用严选素材，传承古法一个一个以手工制作。恰到好处的甜度、朴实的滋味与鸡蛋的温和风味，在口中扩散，让人大呼幸福。

↑ 元祖丸房露
5 个装
378 日元

SHOP 贩售处

总店、佐贺站店等。
URL：www.marubouro.co.jp

长崎县

松翁轩

创业于 1681 年，拥有 300 多年历史的长崎蛋糕老字号店铺。以每天清晨送达的新鲜鸡蛋、高纯度粗砂糖、日本产麦芽糖为原料，以讲究的制作方式烤制出湿润松软的长崎蛋糕，在长崎当地也大获好评。除了原味外，也有浓厚的巧克力口味、使用宇治玉露与煎茶制作的抹茶口味。

↑ 各种口味长崎蛋糕（カステラ）0.6 号
1188 日元／条

贩售处

松翁轩总店与分店、长崎机场、福冈机场、佐贺机场等。
URL：www.shooken.com

熊本县

清正制果

日本三大名城之一的“熊本城”，因为城内栽种着很多银杏，故有“银杏城”之称，而银杏派就是以银杏叶为造型的酥脆派饼。咬下一口，新鲜奶油香味立即在口中扩散。加入秘方银杏粉，为派饼增添另一种独特的风味。高雅的甜味与香气，无论是哪个年龄段的人都会喜欢。

熊本城 银杏派（いちょうパイ）12 枚装 1296 日元

贩售处

熊本机场、熊本城附近特产店、JR 熊本站、鹤屋百货店。
URL：kiyomasaseika.jp

大分县

ZABIERU 本铺 ざびえる本舗

为纪念于 1551 年造访大分县，并留下许多卓越功绩的传教士圣方济·沙勿略（San Francisco Javier），而设计出融合和式与西式的点心，在散发芳香奶油香气的面团中包入纯和风的白馅，还有加入以莱姆酒浸渍过的葡萄干，共有两种口味。五十多年来持续受到大家喜爱，时尚的包装也受到瞩目。

沙勿略（ざびえる）18 个装 1620 日元

贩售处

TOKIWA 百货公司、JR 九州伴手礼店、大分机场、日本全国主要百货公司等。
URL：www.zabieru.com

宫崎县

神乐之里　かぐらの里

柚子酱油 →
（ゆずポン酢）360ml
540 日元

位于宫崎县内柚子生产地“银镜”的“神乐之里”所制作的柚子酱油，有着让人惊讶的美味！以用心栽种出来的柚子所做出的清爽口味，浅尝一口，犹如感受飒爽的山风吹拂一般，可说是最高级的柚子酱油。只要试过一次，就会觉得其他的柚子酱油少了点什么似的。

贩售处

宫崎机场、宫崎县物产馆、新宿宫崎馆等。
URL：www.mera-yuzu.com

鹿儿岛县

萨摩蒸气屋

↑ 轻羹馒头（かるかん饅頭）8 个装 1026 日元

大量使用山药蒸制而成，口感松软湿润的萨摩传统铭果“轻羹”（かるかん）。中间包裹着日本产红豆馅的“轻羹馒头”，是非常受欢迎的鹿儿岛伴手礼。可享受完整发挥山药风味的轻羹独特口感。

贩售处

JR 鹿儿岛中央站店、鹿儿岛机场、博多阪急等。
URL：www.jokiya.co.jp

冲绳县

新垣果子店

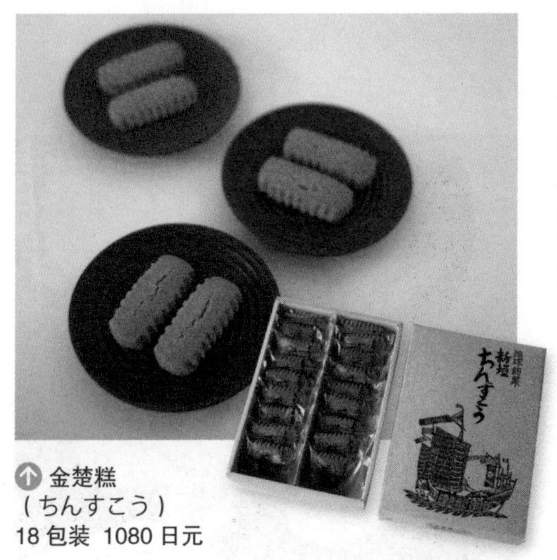

↑ 金楚糕
（ちんすこう）
18 包装 1080 日元

冲绳最有名的伴手礼非“金楚糕”莫属，是拥有 400 年悠久历史的点心。在众多店铺当中，最美味且最受好评的就是老字号名店“新垣金楚糕”了。使用面粉、砂糖、猪油等简单材料，有着朴实的温和好滋味，松软又酥脆的口感只要吃一口就停不下来。

SHOP 贩售处

新垣果子店（5 店铺）、国际街特产店、那霸机场等。
URL：www.chinsuko.com

© 深谷市

你知道吉祥物是怎么来的吗？据说，日本人认为不只是大自然，生活中的所有物品都可能会有神灵栖息于其中，因此习惯将东西加以拟人化。另外，也由于近年来日本经济低迷，许多地区因此设计出行销用的吉祥物角色，像是有头上长着特产的葱的吉祥物、戴着乌龙面帽子的吉祥物等，这些易懂又可爱的各地吉祥物成功吸引大家的注意、带动地方观光，非常活跃！你最喜欢哪个吉祥物呢？

美和のCOLUMN ⑧

番外编！加油啊，全日本的逗趣吉祥物

各地吉祥物在日本掀起一阵热潮，其中也出现一些“有点怪怪又有点可爱”的吉祥物，或是看起来充满无力感的角色。让人看一眼就印象深刻，攻击性十足！

冈左卫门（オカザえもん）

脸上写着“岡”，身上写着“崎”，是爱知县冈崎市的吉祥物。本名为冈崎卫门之介，最初只是插画图案，当其实体化变成真人吉祥物登场时，让全日本的国民都觉得非常惊愕，可说是怪怪吉祥物中的先驱者。据说“本人”离过一次婚，更让人惊讶的是竟然还有一个孩子。

URL：okazaemon.co

城堡机器人（お城ロボ）

以岐阜城为原型诞生，各地吉祥物的最终兵器！3.55米的巨大模样，一点也不像普通的吉祥物呢。特技是走路及横着走，在各地吉祥物集结的活动上，虽然拍照时总是因为太巨大而被安排在最后，还是很有存在感。在全国的小朋友中，人气很旺。

URL：graphmary.com/oshirorobo.html

纳豆妖精黏黏君（ねば～る君）

让人想不注目也难的吉祥物登场！为了行销茨城名产纳豆而诞生的“纳豆妖精黏黏君”，是茨城县非官方的吉祥物。父亲是黄豆，母亲是纳豆菌，可从嘴巴伸出延伸好几米的舌头。听到有人说出“恶心”等冷淡的话语时，会忍不住流下眼泪，但听到有人说“最喜欢纳豆了”时，会高兴地长到 3 米以上，温柔且甜美的声音让民众着迷。官网中以幽默好笑的动画介绍纳豆食谱，意外地有效果。

URL：nebaarukun.info

© 大洗町

ARAIPPE（アライッペ）

身体覆盖着的一条条生物是特产鲂仔鱼，嘴巴由蛤蜊构成，是首次现身就让全国网友吓呆的茨城县大洗町代表吉祥物。长宽两米的巨大身材靠近时，虽然有些小朋友会因此吓哭，但被他慢慢移动过来的样子给迷住的人也不在少数。据说因受伤漂流到大洗的海边时，受到当地渔民的帮助，为了报恩才肩负起行销大洗魅力的重责大任。

URL：www.oarai-info.jp

侵略者 USASAMA うささま

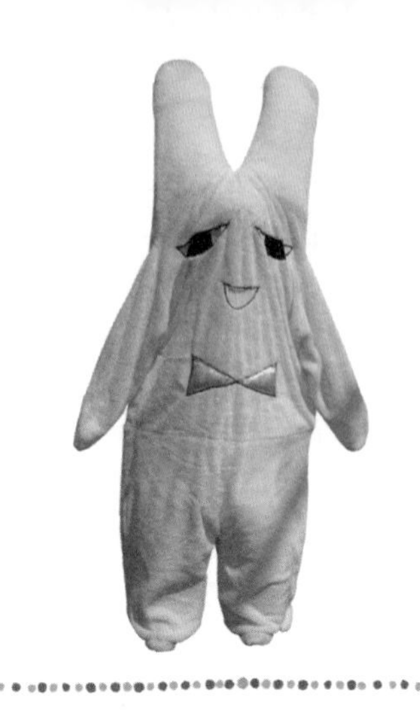

以“侵略”茨城县龙崎市佐贯车站西口，及为地方“带来活力”而登场的吉祥物。在电视节目中被票选为“恶心吉祥物No.1”，松懈的外貌让人不禁怀疑他是否有干劲。已成功以武力镇压商店街，据说最终目标是全宇宙。

象颈鹿 ゾウキリン

© 新座市 2010

埼玉县新座市的形象吉祥物“象颈鹿”，外表看起来像是大象，身体上的花纹又像是长颈鹿的不可思议生物。疗愈系的外形让人想多多亲近，据说因为新座市的杂木林住起来很舒适，所以住在里面。官方网站上有以“周刊象颈鹿”为主题的动画，可以观赏喔。

URL：www.niiza.net/zoukirin/

UZULUCKY うずラッキー

为了行销丰桥产的鹌鹑蛋与鹌鹑肉的幸运鹌鹑“UZULUCKY”，职业是爱知县丰桥市的农业营业本部长。年纪是永远的4岁，个性天真烂漫喜欢恶作剧，非常怕冷，容易与人打成一片。第一眼看到可能会对这谜样的外表感到疑惑，但慢慢地愈看愈觉得可爱呢。

URL：www.city.toyohashi.lg.jp/7519.htm

老虎老爹（とらとうちゃん）

受到大阪玉造地区喜爱的非官方吉祥物“老虎老爹”，是离开家人只身前往玉造工作的谜样上班族，专长于忘年会表演，平日会在玉造周边闲逛，据说会偷偷贩售暗藏在公事包中的道具商品。为了带给玉造区活力而努力奋斗中！

URL：www.tora-tochan.net

↑ 为宣传消灭银行汇款诈欺的活动，演出凶恶犯人的哈密瓜熊，不知怎么看起来有点悲伤。

近几年来日本掀起一阵吉祥物风潮，有些吉祥物还出现狂热粉丝，受欢迎的吉祥物所开设的 Twitter 账号，甚至有超过 100 万人追踪，简直跟明星偶像没什么两样。不过，当吉祥物一点也不轻松喔。扮演吉祥物的人时常受到瞩目，要是有不恰当的发言，甚至会被停职处分呢！听说某县还因为乱创太多吉祥物，而进行吉祥物的整理。为了生存，吉祥物们每天都努力地奋斗着，像是在电视节目上进行高空弹跳，或弄得满身泥泞等等，非常辛苦。请大家给这些为了行销各地、每天含泪努力的吉祥物们一些掌声吧（其实我以前当过北海道其中一个吉祥物，里面很臭而且很重，真的非常辛苦）！

东京 ANTENA SHOP 指南

JR 东京车站周边，集结了贩售各都道县府伴手礼的特产直销商店。只要走路，就能拥有环绕日本一周的特产品之旅喔！

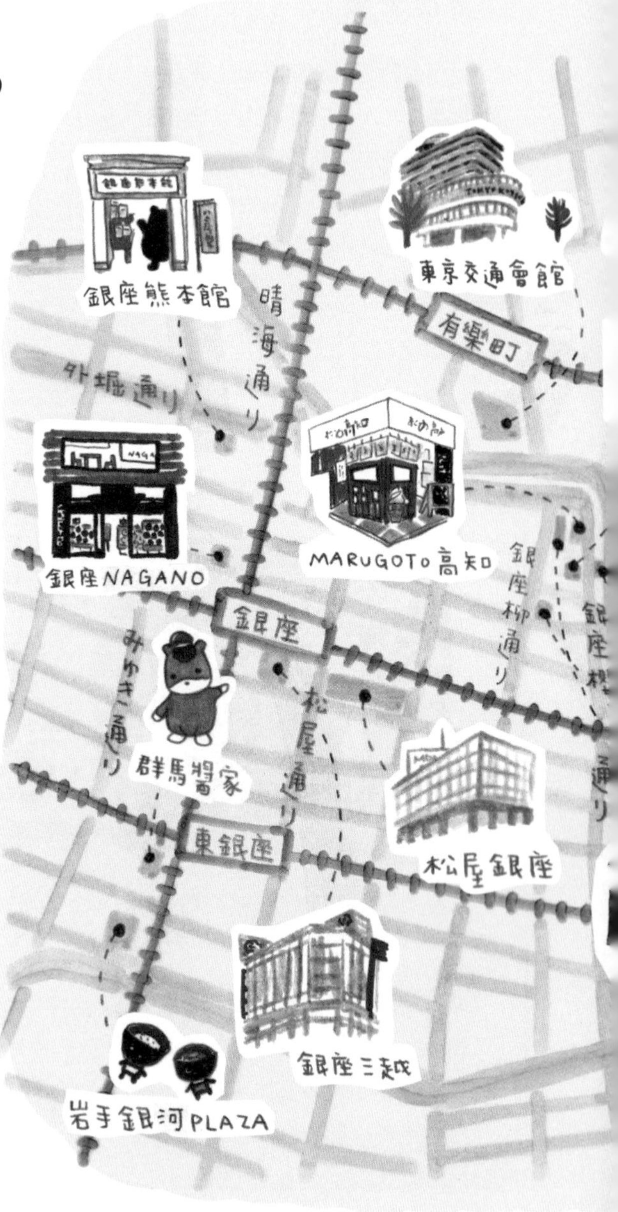

※ 本书中所提及的各都道府县商品，店内并非时时都有贩售。

丸の内中央口
丸の内南口
東京車站
大丸東京店
八重洲口
福島縣八重洲
觀光交流館
外堀通り
八重洲通り
永代通り
京都館
日本橋島根館
OIPEMASE山口館
三越前
北海道FOODIST
RCHÉ
日本橋
美味山形PLAZA
富士之國山梨館
奈良MAHOROBA館
日本橋高島屋
中央通り
首都高速道路
A SHOP

银座熊本馆

开幕超过20周年，店内贩售的黄芥末莲藕、包入番薯与红豆馅的“即食团子”（いきなりだんご）等商品十分受欢迎，也有许多在亚洲人气飙升的熊本代表吉祥物“KUMAMON ”的相关商品。此外，2楼设有能够品尝球磨烧酒（米烧酒）的酒吧，可搭配下酒菜等名产，饱尝来自熊本的美味。

ADD：东京都中央区银座5-3-16

银座NAGANO

ADD：东京都中央区银座5丁目6-5 NOCOビル1F

位于东京银座正中央的铃兰通，木质外观让人印象深刻。1楼展售维持长野县县民健康长寿的传统食品、蔬菜水果，以及获得世界高评价的红酒、日本酒等。吧台区域能品尝使用当季食材制作的One plate料理，2楼则不定期举办长野县食文化及生活的相关活动。店内有会说中文的员工常驻，请抱着轻松的态度前来参观。

群马酱家（ぐんまちゃん家）

位于东京银座的歌舞伎座附近。商店内展有群马县的新鲜蔬菜、铭果、酒、民俗工艺品等，也提供四季观光活动资讯介绍，及自然、温泉、料理等相关介绍手册。2楼则用来举办贩售群马县各市町村特产品的物产展，或是各种平面资料展示活动。

ADD：东京都中央区银座5丁目13番地19

岩手银河 PLAZA
（いわて銀河プラザ）

展售各种岩手县的产品，像是岩手短角和牛，以及在丰饶自然环境中所生产、产量日本第一的杂谷制品，还有南部铁器、岩谷堂五斗柜等展现工匠技术的传统工艺品等。活动专区也会定期举办县内物产展及观光活动，提供岩手特有的食材、特产品、秘藏观光情报等资讯。

ADD：东京都中央区银座 5-15-1 南海东京ビル 1F

东京交通会馆

位于 JR 有乐町车站附近，集结了北海道、秋田、大阪、滋贺、富山、和歌山、德岛、香川、兵库、博多等特产直销商店。在同栋建筑物内汇集各地的美食及工艺品，就像是专门展售各地伴手礼的百货公司，“来自村町馆”（むらからまちから館）里更贩售只有当地居民才知道的隐藏版美食！

ADD：东京都千代田区有乐町 2-10-1

和歌山纪州馆（わかやま紀州館）

在和歌山的特产直销商店“和歌山纪州馆”，除了贩售纪州南高梅、地方酒之外，也有产地直送的当季农产品，共约 500 种话题性商品。馆内也有介绍观光导引专区，除了介绍世界遗产高野山、熊野三山之外，也有和歌山内其他观光景点的情报以及免税服务。

ADD：东京交通会馆内

银座 WASHITA SHOP（銀座わしたショップ）

虽然身处东京，却能在店内感受冲绳的气氛。入口处放置了冲绳的风狮爷，流洩着冲绳音乐的店内，提供冲绳荞麦面、岛豆腐、花生豆腐、海葡萄、红芋点心、黑糖、盐、辣油、泡盛酒、Orion 啤酒等冲绳伴手礼，更有贩售人气的 BLUE SEAL 冰淇淋等的美食专区。地下楼层是琉球传统工艺馆 fuzo。

ADD：东京都中央区银座 1–3–9 マルイト银座ビル 1F

食之国 福井馆（食の国 福井館）

ADD：东京都中央区银座 1–3–3 银座西ビル 1F

“食之国 福井馆”是专门贩售福井县食品的特产直销商店，汇集海产、地方酒等约 1000 品项。在内用专区除了能享用最受欢迎的“越前荞麦面”，以及福井县民的平民美食“酱汁猪排丼”等料理之外，也贩售种类丰富的地方酒。在这里，可以搭配喜欢的下酒小菜浅酌一杯。

Marugoto 高知（まるごと高知）

展售产销直送的蔬菜，及使用高知水果、鱼肉类、生姜、柚子等制品的特产直销商店。地下 1 楼展售县内全酒藏的日本酒及烧酒，以及和纸、珊瑚等传统工艺品，是集结了高知魅力的特产直销商店。

ADD: 东京都中央区银座 1–3–13

茨城 MARCHÉ（茨城マルシェ）

藉着贩售茨城县的产品及提供乡土料理等方式，向大家宣传茨城食品的安心美味以及出色的工艺品。此外，也提供商品说明与观光介绍，希望藉由亲切仔细的待客态度，提升大家对茨城县的好感。

ADD：东京都中央区银座 1-2-1 紺屋ビル 1F

美味山形 PLAZA（おいしい山形プラザ）

汇集白米、牛肉、农产品、酒类、点心、渍物等众多美味，能尝到自然丰饶的食材宝库“山形”才吃得到的好滋味。餐厅“YAMAGATA San-Dan-Delo”使用大量山形的优质食材，制作各式料理。此外也有观光情报专区，介绍像是食物、温泉等，可完整体验山形之美的旅游行程。

ADD：东京都中央区银座一丁目 5-10

福岛县八重洲观光交流馆

从东京车站八重洲南口步行 3 分钟，特产直销商店就位于八重洲 Book Center 旁。店内贩售各种代表福岛县的铭果、铭酒、乡土料理、水果等，也提供县内各町村的简介手册等资讯。在造访福岛前，请先到这边来收集情报喔。

ADD：东京都中央区八重洲 2-6-21 三徳八重洲ビル 1F

北海道 Foodist
（北海道フーディスト）

东京都内楼地板面积最大的特产直销商店，常备有 1600 种以上的商品，像是远东多线鱼、鲑鱼卵等海产，以及和洋果子、起士奶油、咖喱、汤等食品，不同季节时也提供当季生鲜产品。除了提供日常美味外，也有许多便利的商品以及免税服务。在附设的餐厅内，可用合理的价格轻松享用北海道的美味。

ADD：东京都中央区八重洲 2 丁目 2-1 ダイヤ八重洲口ビル 1F

ADD：东京都中央区八重洲 2 丁目 1 番 1 号ヤンマー东京ビル 1F

京都馆

位于 JR 东京车站八重洲中央口前，为介绍京都魅力的综合情报馆。除了西阵织、京烧、京扇子等工艺品之外，也有使用宇治抹茶制作的京果子及京渍物、伏见清酒等等。明信片、资料夹等的纪念品，种类也很丰富。有时也会举办抹茶体验等活动。

富士之国山梨馆
（富士の国やまなし館）

位于距离 JR 东京车站八重洲北口徒步 4 分钟可到之处，贩售约 1500 品项的山梨县农特产品。山梨县为日本第一的葡萄生产地，也是日本红酒的发祥地，其红酒渐渐受到世界瞩目。这边约有 160 种山梨县产红酒，并设有试喝专区。

ADD：东京都中央区日本桥 2-3-4 日本桥プラザビル 1F

OIDEMASE 山口馆
（おいでませ山口館）

将山口县现今的资讯完整介绍的情报站。贩售像是全国知名的下关河豚、鱼板、海胆、水母等海产，美味且能沉静心情的和果子，孕育于丰富大自然中的茶及日本酒等众多农特产品，也展售萩烧、大内人形、赤间砚等传统工艺品。

ADD：东京都中央区日本桥 2-3-4 日本桥プラザビル 1F

日本桥岛根馆
（にほんばし島根館）

“缘分之国岛根”的特产直销商店，贩售孕育于丰富自然中的山珍海味，总计超过 2100 种优质商品。观光柜台提供丰富的岛根资讯。附设的餐饮处“主水”（もんど），提供岛根直送的新鲜鱼贝类及地方酒，期待各位的莅临。

ADD：东京都中央区日本桥室町 1-5-3 福岛ビル 1F

奈良 MAHOROBA 馆
（奈良まほろば館）

汇集像是奈良特产柿叶寿司、三轮素面、葛果子、地方酒，还有奈良笔、赤肤烧等传统工艺品，以及神社寺庙的相关商品。也提供以独特种植方式栽培，具有“美味、香气、形态、来历”等特征的大和传统蔬菜。服务台处提供县内地图及资料，也有观光接待员常驻。

ADD：东京都中央区日本桥室町 1-6-2 日本桥室町 162 ビル 1F

美和のCOLUMN ⑨

日本特色明信片，忍不住想全部收集！

依照日本各都道府县的代表食物、知名景点的形象制成的明信片，全国各地邮局好评发售中！自2009年开始至今，种类共有约330种以上，以区域限定的方式贩售，“能在当地邮局遇到哪种明信片呢？”也成为旅行中的一种乐趣。用明信片记录日本旅行的回忆吧！

※ 若要寄送到国外时，须注意无法直接投递进邮筒，请放进信封后再寄送。邮资请洽询邮局窗口。
URL：www.postacollect.com/gotochi/

北海道 木雕熊（木彫りの熊）
叼着鲑鱼的木雕熊为北海道著名的民间工艺品。

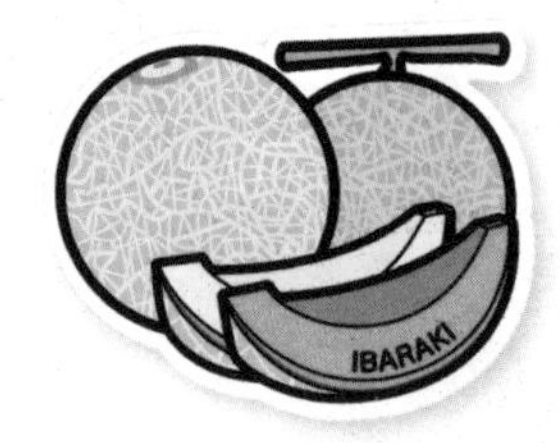

茨城县 哈密瓜（メロン）
茨城县的哈密瓜收获量，是日本第一！

青森县 津轻苹果（津軽りんご）
说到青森，就想到甜而多汁的苹果！

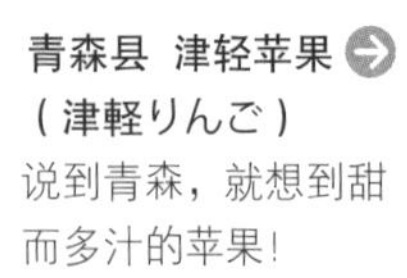

群马县 不倒翁（だるま）
许下愿望，待心愿达成时再将另一边的眼睛画上吧。

宫城县 木介子（こけし）
具有代表性的民间工艺品，宫城县有各式各样不同特征的传统木介子喔。

东京都 雷门
浅草的雷门聚集了来自世界各地观光客，非常热闹。

富山县
立山黑部阿尔卑斯路线
（立山黒部アルペンルート）
将最受亚洲观光客喜爱的雪谷景色制成明信片。

大阪府 章鱼烧
（たこやき）
大阪人的家乡味庶民美食——章鱼烧，看了让人不禁想尝一口。

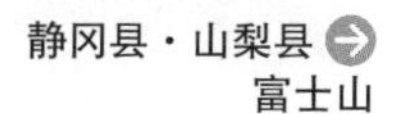

静冈县・山梨县
富士山
日本第一高山——富士山，无论是从静冈县还是山梨县观赏，都非常漂亮。

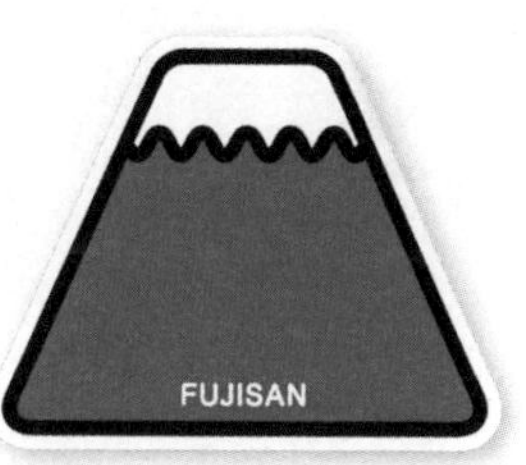

奈良县 鹿
（シカ）
奈良公园的鹿，生长于都市近郊，与人类共同生活，是非常珍贵的存在。

静冈县 山葵
（わさび）
栽种于透凉清澈水域的山葵，看起来好像有点辣！

广岛县 广岛烧
（お好み焼き）
广岛烧的做法是不混合面糊与材料，而是将材料叠成一层一层来煎。

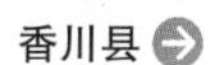

香川县
赞岐乌龙面
（讃岐うどん）
一提到赞岐乌龙面就想到香川县！名店多到数不完呢！

福冈县 豚骨拉面
（とんこつラーメン）
豚骨拉面的发祥地在福冈县久留米市，浓厚的豚骨高汤非常美味！

京都府 舞伎
将华美绚丽的京都舞伎形象制成明信片，让人心醉神迷。

佐贺县 唐津秋祭
（唐津くんち）
位于佐贺县的唐津神社所举办的秋季例行大型祭典。许多观光客都因此前来，非常热闹。

PART 07

日本人气百货公司指南

你到日本是否会逛百货公司呢？你知道人气百货公司对于海外观光客也有折价的优待吗？百家争鸣、各有特色的日本百货公司，不只好逛好买，还提供了许多便利服务喔！

※ 各家百货公司的优待有各自的使用方式，像是有些商品不能使用，或是限定指定金额等等，请务必于使用前确认清楚喔。

各百货公司资料“本书介绍品牌”中，品牌可能是店铺或仅为贩售处，后者以浅蓝色字作为与店铺之区别。

大丸札幌店

北海道最大规模的百货公司“大丸札幌店”，与JR札幌站直接连接，交通十分便利。店内集结世界一流品牌，以及日本知名化妆品品牌等，种类丰富，是北海道第一大的百货公司。位于地下1楼的Hoppe Town，提供螃蟹、帆立贝等新鲜海鲜，还有以新鲜乳制品制成的北海道特有点心等。除了有常见的伴手礼品牌，在“北国Hoppe”也能看到北海道其他名产，可尽情挑选。不只在地下街贩售北海道美食，8楼的餐厅也能享用许多北海道美食。充满活力及话题性的大丸札幌店，总是乐于将北海道的流行事物介绍给大家！

北海道札幌市中央区北5条西4丁目7番地

011-828-1111

“JR札幌站”即达

www.daimaru.co.jp/sapporo

本书介绍品牌：
饼吉、鼓月、茅乃舍、KIT KAT Chocolatory、坂角总本铺、柿种厨房、GATEAU FESTA HARADA

大丸东京店

紧邻东京车站的大丸东京店，从地下1楼到13楼聚集流行服饰品牌、化妆品、杂货、餐厅及人气店铺东急手创馆等。其中最受欢迎的就是1楼的甜点楼层，集结了50间以上的和、洋果子店，以压倒性的众多品牌引以自豪。2楼则有资生堂、SK Ⅱ等化妆品专柜。另外跨越1楼、2楼有“路易・威登”等海外一流品牌进驻。7楼则有贩售行李箱及旅行用品的卖场。位于交通便利的东京车站前，在此能够尽情享受购物的乐趣。

东京都千代田区丸の内 1-9-1

03-3212-8011

从“JR东京站”八重洲北口验票闸门出站即达

www.daimaru.co.jp/tokyo

本书介绍品牌：
叶 匠寿庵、豆源、ANTÉNOR、WITTAMER、银座WEST、银葡萄、KIT KAT Chocolatory、荣太楼总本铺、坂角总本铺、扬饼屋、BERNE、BEL AMER、银座 曙、锦松梅

涩谷站 东急东横店

与涩谷车站连接，交通便捷。有传播流行趋势的新设楼层“SHIBUYA SCRAMBLE Ⅰ·Ⅱ”，及贩售“东横八公”商品，小物、杂货等种类多元的“SHIBUYA souvenir shop”，能退税的化妆品种类也十分丰富。附近有“世界知名的交叉路口”，以及提供老字号店铺、名店好滋味的“东横暖帘街”、食品主题公园“东急 Food show”，构成以饮食为主的一大区域。

- 东京都涩谷区涩谷 2-24-1
- 03-3477-3111
- JR 地铁银座线或半藏门线“涩谷站”即达
- www.tokyu-dept.co.jp/toyoko

本书介绍品牌：
赤坂柿山、豆源、银座 WEST、成城石井、CANDY SHOW TIME、荣太楼总本铺、坂角总本铺、扬饼屋、菊乃舍、美味御进物逸品会、BEL AMER、银座 曙、锦松梅

西武池袋本店

与 JR、地铁池袋车站直接连接，交通便捷，十分热闹。店内有各种流行服饰及化妆品品牌，地下街有高人气的 KitKat 专卖店等适合当成伴手礼的点心专卖店，Loft、无印良品、三省堂书店等大型专卖店亦有进驻，可尽情享受购物乐趣。另外，在店内 3 个地方设有视讯电话与客服中心连接，并且导入 5 国语言对应的口译服务，提供购物时的各种支援。

- 东京都丰岛区南池袋 1-28-1
- 03-3981-0111
- 从 JR“池袋站”东口出站即达
- www.sogo-seibu.jp/ikebukuro

本书介绍品牌：
叶 匠寿庵、银葡萄、黑船、日本桥千疋屋总本店、蒜山酪农、KIT KAT Chocolatory、桂新堂、加贺麸不室屋、坂角总本铺、扬饼屋、美味御进物逸品会、资生堂 PARLOUR、银座 曙、足立音卫门

新宿高岛屋

为聚集了东急手创馆、纪伊国屋书店、UNIQLO 等人气店铺的复合商业设施，新宿高岛屋就坐落在高岛屋时代广场的中心地区，来自世界各国的观光客云集。洋果子卖场设置了话题性十足的“Patissieria”专区，14 位蛋糕师傅各会制作 9 种不同类型的蛋糕。请务必前来具有购物及娱乐功能的新宿南口象征地——新宿高岛屋。

东京都涩谷区千駄ヶ谷 5 丁目 24 番 2 号
03-5361-1111
JR“新宿站”新南口步行 1 分钟
www.takashimaya.co.jp/shinjuku

本书介绍品牌：
叶 匠寿庵、赤坂柿山、WITTAMER、银座 WEST、黑船、日本桥千疋屋总本店、YAMATSU TSUJITA、加贺麸不室屋、BERNE

日本桥高岛屋

建筑物建造于 1933 年，有着古典的外观及室内装修，是传统街道日本桥的象征物，亦是所有百货公司中第一个被指定为重要文化遗产的建筑物。食品楼层内并列着许多能代表日本的传统店铺，还有法国闪电泡芙专卖店“L’ECLAIR DE GENIE”、德国点心名店“Gmeiner”，以及在限定期间推出各式艺术品展览的美术画廊。另外，和服、进口餐具、家庭用品等也颇受好评。

东京都中央区日本桥 2 丁目 4 番 1 号
03-3211 - 4111
地铁银座线 东西线“日本桥站”B2 出口出站即达
www.takashimaya.co.jp/tokyo

本书介绍品牌：
叶 匠寿庵、赤坂柿山、豆源、WITTAMER、银座 WEST、黑船、日本桥千疋屋总本店、蒜山酪农、浅草 MUGITORO、YAMATSU TSUJITA、桂新堂、一番馆、加贺麸不室屋、荣太楼总本铺、柿种厨房、资生堂 PARLOUR

横滨高岛屋

位于横滨车站西口前方，代表神奈川县的老字号百货公司，于1959年开店，拥有跨越了三四个世代的爱好者。除了知名流行服饰品牌，还有来自日本各地的铭果、具话题性的洋果子等，多样化的餐厅也颇受好评。位于7楼的美术画廊每周会举办不同展览，最高楼层则会举办像是物产展等活动，逛上一整天也不会腻。

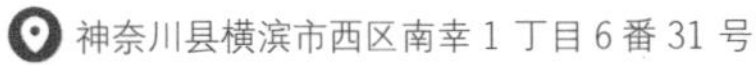

神奈川县横滨市西区南幸1丁目6番31号

045-311-5111

从“横滨站”西口步行1分钟

www.takashimaya.co.jp/yokohama

本书介绍品牌：
叶 匠寿庵、赤坂柿山、WITTAMER、银座WEST、黑船、镰仓LESANGES、CLUB HARIE、茅乃舍、YAMATSU TSUJITA、桂新堂、一番馆、加贺麸不室屋、荣太楼总本铺、坂角总本铺、柿种厨房、BERNE、资生堂PARLOUR、锦松梅

松坂屋名古屋店

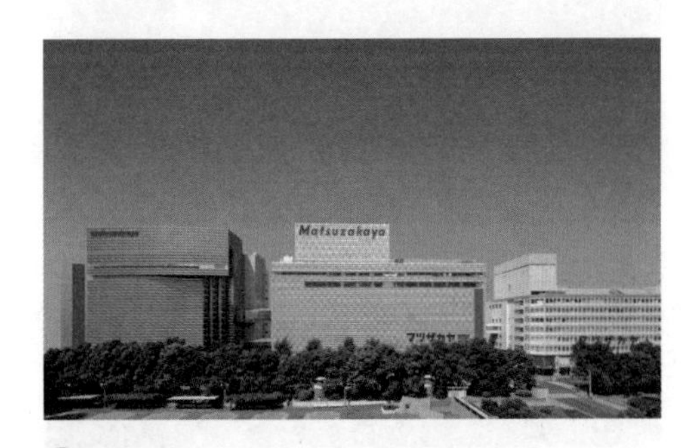

创业于1611年，是具有传统且以拥有广大面积而自豪的百货公司，广受名古屋居民喜爱。设有友都八喜购物中心，并有流行服饰、美食、高级品牌等商品，是拥有品牌种类数量数一数二的百货公司。本馆地下1楼食品楼层贩售常见的名古屋伴手礼及知名品牌甜点、最高品质的水果及各种美食。设有常驻中文口译人员的退税柜台，馆内也提供免费Wi-Fi。

于退税柜台处出示护照，可获95折折价礼券。

爱知县名古屋市中区荣三丁目16番1号

052-251-1111

地铁名城线“矢场町站”走地下通路即达（5•6号出口）

www.matsuzakaya.co.jp/nagoya

本书介绍品牌：
叶 匠寿庵、赤福、ANTÉNOR、WITTAMER、黑船、茅乃舍、GATEAU FESTA HARADA、KIT KAT Chocolatory、桂新堂、坂角总本铺、扬饼屋、BEL AMER、足立音卫门

JR 京都伊势丹

紧邻京都车站的“JR 京都伊势丹”，除了有最新流行服饰，也有贩售京都老字号店铺的手工制和果子及茶饮，以及新鲜蔬果、传统工艺品及杂货等。在此除了能享用代表和食的寿喜烧、天妇罗、寿司，及具有京都风情的豆腐料理，还能享受正统的中华料理、窑烤比萨等世界美食。位于高楼层的开放式景观餐厅还可眺望美景，在此可同时享受流行服饰、美食、观光等乐趣。

京都府京都市下京区乌丸通塩小路下ル东塩小路町
075-352-1111
从 JR、近铁、地铁“京都站”即达
kyoto.wjr-isetan.co.jp

本书介绍品牌：
文の助茶屋、赤坂柿山、鼓月、丸久小山园、ANTÉNOR、DANISH HEART、蒜山酪农、本田味噌本店、551 蓬莱、BEL AMER

京都府京都市下京区四条通高仓西入立壳西町 79 番地
075-211-8111
从阪急京都线“乌丸站”步行 1 分钟 (走地下道即达)
www.daimaru.co.jp/kyoto

本书介绍品牌：
鼓月、ANTÉNOR、WITTAMER、本田味噌本店、茅乃舍、GATEAU FESTA HARADA、551 蓬莱、加贺麸不室屋、坂角总本铺、KIT KAT Chocolatory、足立音卫门

大丸京都店

大丸百货公司创业的起源地，是在京都持续经营将近 300 个年头的老字号百货公司。店内贩售食品、化妆品、流行服饰等。食品卖场有众多适合作为伴手礼的京都名果店铺，也有由一流老字号料亭制作的熟菜及便当，能从料理中感受京都风情。不同楼层亦设有咖啡厅、餐厅，可享受寿司、抹茶甜点等各式料理。

于 7 楼退税柜台处出示护照，可获 95 折折价礼券。

近铁百货店奈良店

近铁百货店奈良店位于奈良市西大寺附近的大型购物中心“奈良 Family”中，在地下 1 层、地上 6 层的建筑物中，聚集高级品牌、美食商品等，种类十分丰富。地下食品楼层约有 80 间店铺，贩售各种果子、当地名酒，还有知名的“奈良渍”及“素面”等，集合许多适合当成伴手礼的商品。因为退税手续便利，且对外国观光客有特别优惠制度，有机会前往奈良时，请务必顺道前往。

于退税柜台出示护照，可获得 95 折折价礼券。

奈良县奈良市西大寺东町 2-4-1

0742-33-1111

从近铁“大和西大寺站”步行约 1 分钟

www.d-kintetsu.co.jp/store/nara

本书介绍品牌：

ANTÉNOR、蒜山酪农、551 蓬莱、RUYS DAEL

阿倍野 HARUKAS 近铁本店

阿倍野 HARUKA 近铁本店，拥有跨 3 个楼层、聚集 44 间店铺的日本最大美食街“阿倍野 HARUKAS Dining”，及关西最大食品卖场“阿倍野 Food City”。点心卖场贩售和洋果子等商品，约有 60 家店铺，有众多适合当成伴手礼的商品。店铺内设有中文商品说明，亦设有服务柜台，提供海外顾客优惠折价券及办理退税等手续。有会说中文的工作人员常驻，可轻松提问。

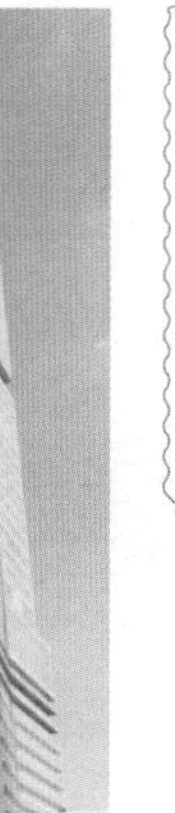

于退税柜台出示护照，可获 95 折折价礼券。

大阪府大阪市阿倍野区阿倍野筋 1-1-43

06-6624-1111

从地铁御堂筋线・谷町线或 JR“天王寺站”即达

abenoharukas.d-kintetsu.co.jp

本书介绍品牌：

叶匠寿庵、赤福、ANTÉNOR、CLUB HARIE、GATEAU FESTA HARADA、551 蓬莱、善祥庵、坂角总本铺

大丸心斋桥店

创立于1717年的老字号百货公司。心斋桥店于1726年开店，建设于1933年的本馆，建筑物为美籍建筑师威廉·渥利斯设计的作品。店内有agnès b、资生堂、BVLGARI等知名流行服饰品牌。地下楼层食品卖场贩售种类丰富的和式、西式点心，现烤鲷鱼烧十分受欢迎。南馆有LAOX退税专区附有广大等候空间，也提供各种外语的应对服务。

于北馆1楼服务台出示护照，可获95折折价礼券。

大阪府大阪市中央区心斋桥筋1-7-1

06-6271-1231

地铁御堂筋线“心斋桥站”（南北或南南验票闸门）走地下道即达

www.daimaru.co.jp/shinsaibashi

本书介绍品牌：
鼓月、WITTAMER、黑船、蒜山酪农、桂新堂、加贺麸不室屋、YAMATSU TSUJITA、551蓬莱

阪急梅田本店

世界首间与车站共构的百货公司，于1929年开业至今持续提供最新流行服饰，有爱马仕、路易·威登、卡地亚等品牌，为日本最多高级品牌的百货公司。就连儿童服饰卖场也有迪奥、古驰等品牌。化妆品卖场提供最新高科技的美容资讯，餐厅方面则有具历史性浮雕的大型餐厅（拥有300个座位），以及100米、聚集众多甜点品牌的甜点大道等。提供免费Wi-Fi、口译等服务，可安心在此享受购物乐趣。

大阪府大阪市北区角田町8番7号

06-6361-1381

从阪神或阪急“梅田站”步行约3分钟

www.hankyu-dept.co.jp

本书介绍品牌：
叶匠寿庵、赤福、鼓月、WITTAMER、银葡萄、黑船、CLUB HARIE、YAMATSU TSUJITA、银岭、GATEAU FESTA HARADA、551蓬莱、Bâton d'or、GRAND Calbee、桂新堂、加贺麸不室屋、Sugar Butter Tree、美味御进物逸品会、BEL AMER、marshmallow elegance、足立音卫门

于1楼服务中心、B1海外旅客服务中心出示护照，可获95折折价礼券。

大阪高岛屋

海外特选品牌位于1、2楼，6楼有种类丰富的和服、和式杂货，1楼有各式化妆品牌进驻。地下楼层食品卖场有诸多食品、许多适合当作伴手礼的铭果与茶类商品，也有各种高人气的日本威士忌。

大阪府大阪市中央区难波5丁目1番5号

06-6631-1101

从地铁御堂筋线 四ツ桥线 千日前线“难波站”即达

www.takashimaya.co.jp/Osaka

本书介绍品牌：
叶 匠寿庵、鼓月、WITTAMER、YAMATSU TSUJITA、551蓬莱、Bâton d'or、桂新堂、加贺麸不室屋、柿种厨房

大丸神户店

是能代表神户的老字号百货公司，也是元町的地标。食品卖场有日本酒、日本茶、神户点心等适合当成伴手礼的各种商品。本馆8楼可办理退税服务。

于1楼服务台处出示护照，可获95折折价礼券。

兵库县神户市中央区明石町40番地

078-331-8121

从地铁海岸线“旧居留地 大丸前站”即达

www.daimaru.co.jp/kobe

本书介绍品牌：
鼓月、WITTAMER、黑船、蒜山酪农、茅乃舍、551蓬莱、桂新堂、加贺麸不室屋

博多阪急

于2011年3月开始营业。位于地下食品楼层的“Umachika！”有像是萨摩蒸气屋、CLUB HARIE、HAPPY Turn's、Calbee+ ESSENCE等甜点名店，也贩售福冈及九州当地的美味食品。

于1楼与7楼服务台处出示护照，可获95折折价礼券。

福冈县福冈市博多区博多驿中央街1番1号

092-461-1381

从JR“博多站”即达

www.hankyu-dept.co.jp/hakata

本书介绍品牌：
叶 匠寿庵、鼓月、蒜山酪农、YAMATSU TSUJITA、桂新堂、柿种厨房、Sugar Butter Tree、GATEAU FESTA HARADA

附录

手指日语便利通！

日本人于平日购物时也会使用的简单日语。购物时用手指一指，试着与店员沟通看看吧！

保冷剤(ほれいざい)を多(おお)めに下(くだ)さい。	请给我多一点保冷剂。
賞味期限(しょうみきげん)はいつですか？	请问保存期限到什么时候呢?
新(あたら)しい商品(しょうひん)は入荷(にゅうか)しますか？	请问有新商品吗?
これと色違(いろちが)いはありますか？	请问有其他颜色的吗?
一番人気(いちばんにんき)はどれですか？	请问最受欢迎的商品是哪一个?
これと同(おな)じような商品(しょうひん)はありますか？	请问有与这个类似的商品吗?
別々(べつべつ)に包(つつ)んで下(くだ)さい。	请帮我分开包装。
袋(ふくろ)を二重(にじゅう)にして下(くだ)さい。	请帮我装两层袋子。
もっと大(おお)きい袋(ふくろ)はありますか？	请问有大一点的袋子吗?
小分(こわ)けの袋(ふくろ)を下(くだ)さい。	请给我分装的小袋子。
袋(ふくろ)はいりません。	不需要袋子。
もっと多(おお)めのはありますか？	请问有分量多一点的吗?
もっと少(すく)なめのはありますか？	请问有分量少一点的吗?

私(わたし)はアレルギーがあります。○○○は入(はい)っていますか？	我对○○○过敏，请问这个有加○○○吗?
私(わたし)は○○○を食(た)べられません。	我不能吃○○○。
○○○が入(はい)っていないのはどれですか？	请问没有加○○○的是哪一个?
全部(ぜんぶ)火(ひ)を通(とお)して下(くだ)さい。	麻烦全部都帮我烤 / 煮过。
あなたの店(みせ)が大好(だいす)きです。ショップカードはありますか？	我很喜欢你们的店铺，请问你们有店卡吗?
美味(おい)しかったのでまた来(き)ました。	因为很好吃，所以我又来了。
免税(めんぜい)カウンターはどこですか？	请问退税的柜台在哪里?
出口(でぐち)はどこですか？	请问出口在哪里?
駅(えき)に一番近(いちばんちか)い出口(でぐち)はどこですか？	请问离车站最近的出口在哪里?
トイレはどこですか？	请问洗手间在哪里?
レジはどこですか？	请问要在哪里结账?
すみません、商品(しょうひん)が違(ちが)うようなのですが。	不好意思，您给我的商品好像不太对。
すみません、金額(きんがく)が違(ちが)うようなのですが。	不好意思，金额好像错了。

Special Thanks！

日本の企業の方々、協会の方々、県庁、市役所、町役場、ご当地キャラご担当者の方々、大変大変お世話になりました！

谢谢苹果电脑的救世主 Mada 先生、练小姐、张小姐以及日本的大家！译者曾哆米、封面设计江孟达工作室、插画家 Rosy、美编 Ada 与山岳文化都辛苦了，真的非常感谢！

特别说明：

- 本书介绍商品基本上是对应日本气候制造的，带出日本后的品质变化，店铺恕不负责。
- 在“贩售处”介绍的店铺，贩卖商品的内容（包含数量、包装、口味）与价格时有不同。
- 本书介绍商品内容、价格与店铺资讯，是以 2015 年 8 月为准（价格皆已含税）。
- 若购买商品后发生意外，作者与出版方恕不负责。
- 因版面有限，无法介绍各品牌所有分店，若想知道其他分店资讯，请洽各品牌官网。

日文网站指南：

店舗のご案内 / ショップ情報→ 店铺及分店资讯
アクセス → 交通资讯、地图
物産展情報 / 催事情報 → 日本全国百货公司的展销资讯
お取り扱い情報→（除了店铺以外的百货公司、超市等）贩售处资讯

图书在版编目（CIP）数据

好味限定！／(日) 山口美和著 ；曾哆米译. -- 北京 ：中国友谊出版公司，2016.11
ISBN 978-7-5057-3903-1

Ⅰ. ①好… Ⅱ. ①山… ②曾… Ⅲ. ①饮食－文化－日本 Ⅳ. ①TS971.203.13

中国版本图书馆CIP数据核字(2016)第271033号

原著作名：《好味限定！日本美食特派员的口袋伴手礼》
作者：山口美和　译者：曾哆米

著作权合同登记号 图字： 01-2016-8071号

书名　好味限定！
著者　[日] 山口美和
译者　曾哆米
出版　中国友谊出版公司
发行　中国友谊出版公司
经销　新华书店
印刷　北京中科印刷有限公司
规格　889×1194毫米　24开
　　　9.25印张　149千字
版次　2017年5月第1版
印次　2017年5月第1次印刷
书号　ISBN 978-7-5057-3903-1
定价　68.00元
地址　北京市朝阳区西坝河南里17号楼
邮编　100028
电话　(010) 64668676

馔

创美工厂

出 品 人：许 永

责任编辑：许宗华

特约编辑：黄湘凌 五 度

责任校对：雷存卿

设计制作：宁 琪

责任印制：梁建国 潘雪玲

发行总监：田峰峥

投稿信箱：cmsdbj@163.com

发　　行：北京创美汇品图书有限公司

发行热线：010-53017389 59799930

发　　行：中南博集天卷文化传媒有限公司

发行热线：010 -59320018

创美工厂
微信公众平台

创美工厂
官方微博